未然防止のための
過去トラ集の
作り方・使い方

品質問題をゼロにする
FMEA・DR実施方法

本田 陽広 [著]

日科技連

まえがき

　昔から、自動車関係の重大欠陥、医療ミス、食中毒による死亡事故など、さまざまな不具合によるトラブルは枚挙に暇がありません。なぜこんなことが起きるのでしょうか。原因は、技術力の不足や、ヒューマンエラー（人為的なミス）、不具合現象は知っていたが、それに気がつかなかったので未然防止できなかった（再発不具合）、というのがほとんどです。世の中に知られていない新規発見の不具合要因で問題を起こすことは、まずありません。ということは、事故の未然防止が可能であるということです。ここで、「再発不具合」の定義は、世の中に知られている要因で起こす不具合という意味です。

　この再発不具合を防ぐため、不具合事例（過去に発生したことがあるトラブル：「過去トラ」）やノウハウを蓄積している会社は多いものの、それが使いやすく加工されてないために、有効活用されてないのが現状です。過去のトラブル集やノウハウは、使って初めて役に立ちます。いくら蓄積しても、それだけでは何の役にも立ちません。

　本書で解説する内容は、すべての不具合を網羅した有効な過去トラ集を作成・活用することで、完璧な FMEA、DR を実施し、開発段階で品質問題を未然防止し、品質問題をゼロにする方法です。この成果が認められ、2009 年に所属していた事業部として、日本科学技術連盟の日本品質奨励賞　品質革新賞を受賞しました。

　本書では、過去トラ集を作成・活用するためのポイントを、以下の 4 つにまとめ、第 2 章から第 5 章で実際の事例を豊富に使って詳しく解説しています。

　なお、本書で使用している事例は筆者が大手自動車部品メーカーの品

まえがき

質改善業務に携わっていた当時のものであり、説明用に表現・内容を変更しています。

1. 過去トラの集め方・まとめ方（第2章）

　過去トラ集としては、①自部署で過去に起こしたトラブルを集めただけでは、過去のトラブルの再発防止しかできません。それ以外に、品質問題をゼロにするには、②自部署では起こしたことはないが、世の中に知られていて、今後起こりうる故障のメカニズム（例えば樹脂のクリープや加水分解など）や故障モードの事例（割れや破損など）も必要となります。さらに設計の場合、③製品の設計ノウハウ集も追加しないと、ノウハウを知らずに設計して問題を起こす場合があります。②については、大企業の場合、材料技術部（材料の専門家グループ）などから情報を得ることになります。規模が相対的に小さい会社の場合は、専門書やインターネットから情報を集めることになります。③については、共通技術や製品のノウハウ集を、半年から1年専任でまとめてもらうというやり方で実施しました。そうでないと、新入社員も使えるノウハウ集（チェックリストと説明書で構成）は作れません。

　過去トラは、品質問題を起こした年代順に集めたり、チェックシートは、短文で記載されていたりと、ベテランでないとよくわからなかったりする場合が多いと思います。これでは、有効に活用することができません。必要なときに必要な過去トラをすぐに見られるようにすることが必要です。過去トラの蓄積は年代順でも良いです。これを使いやすく分類した道具に紐付け（ハイパーリンクなど）すれば、有効活用できます。トラブル事例の詳細も、A4 1枚くらいでわかるように加工することが必要です。使いやすくしないと、誰も使ってくれません。

2. 過去トラ集の作り方（第3章）

　過去トラ集などの道具は、使いやすくないと、なかなか使ってもらえません。設計者はベテランばかりではありません。経験の浅い人もいます。それぞれに合わせた使いやすい道具が必要です。また、過去トラ集でチェックする場面も数多くありますが、どのような場面でも、使いやすい過去トラ集でないと、なかなか使ってもらえません。設計者の能力やチェックの場面に即した過去トラ集を何種類も作ることが必要です。

3. 過去トラ集の使い方（第4章）

　第4章では、過去トラ集をFMEA（故障モード影響解析：設計段階で漏れなく不具合を予測し、その不具合が起きないように事前に手を打つための手法）やDR（デザインレビュー：設計の段階で、性能・機能・信頼性・価格・納期などを考慮しながら設計について審査し、改善をはかること。審査には設計・製造・検査・運用などの各分野の専門家が参加する）でどう使えばよいかを説明します。

　FMEA、DR以外で、過去トラ集を使ってチェックする場面として、初回試作図面をどうチェックするか、製造工程FMEAでのチェックについても説明します。品質問題をなくしたいのであれば、地道にチェックリストでチェックを進めるしかありません。NASA（米国航空宇宙局）の宇宙ロケットも最終チェックはチェックリストでチェックしていました。しかし、チェックリストでチェックすることをルール化しても、大規模製品の場合、忙しいのが普通で、チェックする暇がありません。守れないルールはよくないルールであり、チェックできる人はチェックするように、というルールに変更しました。その代わり、FMEA作成時にチェック、DR実施時にチェックというように、二重三重にチェックする機会を増やし、やれるときにチェックできるようにルールを変更す

まえがき

るとよいです。

4. 過去トラ集の管理の仕方（第5章）

　設計の場合、製品別の過去トラ集は、毎年第三者の筆者のフォローによりメンテナンス結果を登録するよう義務づけていました。そうしないと、忙しさにまぎれて、メンテナンスしなかったり、何箇所かに保存されて、どれが最新版かわからなくなったりします。過去トラも、A4 1枚にまとめることがルール化されていましたが、忙しいと書いてくれませんので、第三者である筆者が代わりに書いていました。書いてくれても、言い訳や余分な情報が書いてあることが多く、筆者がすべてチェックに必要な情報だけに、書き直していました。適切な状態で管理・保存するためには、このような処置も必要となります。

　また、製造工程の事例も入れ、さまざまな業務で応用できるようにまとめました。極力「図」や「表」を使い、初心者でも理解できるようにしてあります。

　本書で紹介する活動成果は、未然防止の意義を認識し、自ら行動された安達美智夫部長（当時）の知恵と工夫、および全員参加で実施した改善活動の賜物です。また、本書の執筆にあたっては、日科技連出版社の石田新氏の貴重なご助言とご協力を賜りました。ここに記して、心より感謝の意を表します。

　本書の気に入ったところを真似していただき、"品質の日本"、"品質立国"を継続していただくことを願っております。

　2019年4月

本田　陽広

目　　次

まえがき　iii

第1章　過去トラの4ポイントと一般的な設計業務の概要　……… 1

1.1　はじめに　2

1.2　過去トラの集め方・まとめ方　3

1.3　過去トラ集の作り方　4

1.4　過去トラ集の使い方　4

1.5　過去トラ集の管理の仕方　5

1.6　一般的な設計業務の手順としくみ　5

1.7　FMEAとDRの概要　7

1.8　現状のDR、FMEAの課題とその解決策　14

1.9　未然防止活動の成果　17

1.10　本章のまとめ　18

第2章　過去トラの集め方・まとめ方　……………………… 19

2.1　過去トラの集め方　20

2.2　過去トラのまとめ方　23

2.3　本章のまとめ　35

第3章　過去トラ集の作り方　……………………………… 37

3.1　人の能力、DRなどの場面に合わせた不具合事例集　38

3.2　筆者が各種不具合事例集を作った理由　38

3.3　設計の各種不具合事例集　44

3.4　製造の各種不具合事例集　74

3.5　本章のまとめ　75

vii

目　次

第4章　過去トラ集の使い方 …… 81

4.1　試作図面のチェック事例　83

4.2　FMEA 作成手順とチェック事例　86

4.3　DR（FMEA チーム活動）実施方法とチェック事例　131

4.4　製造工程での不具合事例集の使い方　150

4.5　本章のまとめ　160

第5章　過去トラ集の管理の仕方 …… 161

5.1　過去トラ集の管理　162

5.2　不具合事例集の管理者　168

5.3　本章のまとめ　168

第6章　ソフト面（人、業務管理、ルール）の改善 …… 169

6.1　ソフト面の改善　170

6.2　人材育成の改善事例　171

6.3　マネジメント技術の改善事例　188

6.4　しくみの改善事例　199

6.5　本章のまとめ　214

第7章　設計品質改善活動の原動力 …… 215

7.1　なぜこの品質改善活動ができたのか　216

7.2　筆者の品質改善活動の原動力　221

7.3　本章のまとめ　231

引用・参考文献　235

索引　237

第1章 ▶▶

過去トラの4ポイントと
一般的な設計業務の概要

　本章では、過去トラの4ポイントの解説と、品質問題未然防止のために過去トラ集を使うFMEA・DRとは何か解説します。また、FMEA・DRの課題とその解決策について説明します。

第1章　過去トラの4ポイントと一般的な設計業務の概要

1.1　はじめに ▶▶

　本書は、過去トラ活用のための4ポイントを、事例とともに解説します。また、自社で過去起こしたことのあるトラブルを集めたものを「過去トラ集」と呼び、故障メカニズム集や過去起こしたことのないトラブル集、製品ノウハウ集などを集めたもの全体を「不具合事例集」と呼ぶことにします。

　過去トラには以下の4つのポイント、作成手順があります。

① 　過去トラの集め方・まとめ方
② 　過去トラ集の作り方
③ 　過去トラ集の使い方
④ 　過去トラ集の管理の仕方

　それぞれのポイントの詳細は、それぞれ以降の章で事例を用いて解説していきますが、本章では簡単に概要を説明します。

　しかし、不具合事例集(含む過去トラ集)でチェックする活動は、出荷前に品物を検査するのと同じで、良品ばかりが作れる体制であれば、必要のない工程です。設計も、不具合のない設計をしてくれれば、不具合事例集でチェックする必要はありません。しかし、いくら優秀な設計者でも思い違いなどのヒューマンエラーもありますので、不具合事例集チェックはどうしてもなくならない工程になります。と言っても、大事なことは源流管理(プロセスの下流でなく上流で管理すること)であり、優秀な設計者に不具合のない設計をしてもらわないと、品質問題ゼロは達成できません。会社は人で成り立っている、とよく言われますが、この大切な人材育成、マネジメント、しくみの改善について、後半で説明します。

2

1.2　過去トラの集め方・まとめ方 ▶▶

　過去トラとしては、職場の過去トラ、部の過去トラ、他部署の過去トラなどがあります。これらの重致命故障事例は、各部に通達として回るシステムとなっているはずです。でないと、会社あるいは組織として、再発不具合を繰り返すことになり、技術力がない、信用できない会社、あるいは組織と言われてしまいます。これらの資料が、会社としてどこかに蓄積してあれば、使いやすいように整理し直すだけですから、後の仕事は楽になります。

　しかし、これらは過去に自社で起こした不具合事例であり、今後起こりうる未経験の不具合事例も数多くあります。大企業ですと、教育用資料などを集めると、有効な資料が集まります。本書で紹介する未然防止のためのチェックの道具はすべて、筆者が一から作ったのではなく、会社内の資料をかき集めて、使いやすいように整理しただけです。後述する不具合事例集である「FMEA 辞書」も、材料技術部(材料の専門家グループ)が作った「材料、加工、処理の留意点集」をもとに、改善を繰り返して作ったものです。規模が相対的に小さい会社の場合は、材料技術部などはないですから、図書館で調べる方法もありますし、最近はインターネットで調べるとかなりの情報が集まります。筆者も、ある開発テーマのために、インターネットで世の中の減速機の種類調査とサンプル購入を実施したことがあります。参考文献3)の付録に「ストレス－故障メカニズム－故障モード」の一覧表がありますので、一読されるとよいでしょう。「故障メカニズム」とは、故障の原因であり、「故障モード」とは、アイテム(製品など)における故障の様子のことです。

　過去トラ集や、ノウハウは、使ってなんぼです。いくら、蓄積しても、実際に使わなければ何の役にも立ちません。過去トラは、起きた年代順に蓄積されている会社が多いですが、これでは使いにくいことこのうえ

第1章　過去トラの4ポイントと一般的な設計業務の概要

ありません。まずは、使いやすさを重視した分類方法を考えて整理し直すことです。過去トラ集や起こりうるすべての故障モード情報を、使いやすく加工し直すことが必要なのです。これを第2章で解説します。

1.3　過去トラ集の作り方 ▶▶

　設計者といっても、ベテランもいれば、初心者もいます。それぞれの能力に合わせた見やすい過去トラ集を作ってあげないと、忙しいときには使ってくれません。

　また、過去トラ集でチェックする場面もたくさんあります。試作図面を作ったらチェック、FMEA作成時にチェックなどです。この場面ごとでも、使いやすい過去トラ集がないと、なかなか使ってもらえません。設計者の能力、チェックの場面に合った過去トラ集を何種類も作ることが必要です。この過去トラ情報を使いやすく加工し直す作業を、知恵を出し、工夫して実施することが重要です。第3章で解説します。

1.4　過去トラ集の使い方 ▶▶

　不具合事例集(含む過去トラ集)は、設計業務では、FMEAやDRの際に使います。その使い方について、事例を通して解説します。品質問題をなくしたいのであれば、地道にチェックリストでチェックするしかありません。しかし、チェックリストでチェックすることをルール化しても、大規模製品の場合、忙しいのが普通で、チェックする暇がありません。守れないルールはよくないルールであり、その機会にチェックできる人はチェックするように、というルールに変更しました。その代わり、FMEA作成時にチェック、DR実施時にチェックというように、二重三重にチェックする機会を増やし、やれるときにチェックできるよ

4

うにルールを変更しました。これらについて、第4章で解説します。

1.5　過去トラ集の管理の仕方 ▶▶

　過去トラ集は、新規過去トラの追加、または起こりうるすべての故障モード情報を常に加工し直して、使いやすい状態に維持するよう管理することが重要なのです。さまざまな企業の過去トラ集を見てきましたが、毎年メンテナンスをしていないので、効果的に使える状態になっていないのが現状のようです。筆者が所属していた事業部では、筆者が毎年各設計室をフォローして、後述する「FMEA辞書」という不具合事例集にその年に発生した過去トラを登録していました。部として毎年強制的に、見直した過去トラ集を出させるようにしないと、使い物になりません。この管理について、第5章で解説します。

1.6　一般的な設計業務の手順としくみ ▶▶

　本書は、事例を通して筆者が培ってきた過去トラ（集）に関するノウハウについて解説していきますが、それらの事例は設計業務の事例です。なじみがない方のために、ここで一般的な設計業務の手順としくみを解説します。

　ここで、筆者の職務について説明しておきます。筆者が所属していた会社では事業部制を採用しており、筆者の事業部には、設計部、品質保証部、製造部、企画部があり、設計部隊は、技術1部と技術2部の2つでした。筆者は技術2部の品質リーダーとして、部の予防品質活動、品質業務全般を行っていました。

　手順としては、大きく以下の4つの手順で行われます。

　①製品企画→②製品設計→③生産準備→④量産

第1章　過去トラの4ポイントと一般的な設計業務の概要

　表1.1に、一般的な開発のステップとしくみを示します。「開発のステップ」は主に設計担当者や生産設備を作る生産技術担当者が実施することを示し、「しくみ」は全社の総智総力を反映するための、レビュー会議やチーム活動を意味します。

　筆者が所属していた会社では、製品の新規性・重要度に応じた管理ランクを指定して運営していました。表1.1において、すべてが新規の開発製品は、0次DR、0次承認会議より受審が義務づけられます。新規点の少ない製品は、2次DR、2次承認会議だけ受審すればよいという運営方法です。

　自動車業界では、この開発のステップの、「FMEA作成」と「FMEAチーム活動」は、実施することが義務づけられており、開発段階でFMEAチーム活動結果を反映したFMEAを自動車メーカーに提出しないと、製品を納入することができませんでした。実施時期は、1次試作図面ができたら、設計者がFMEAを作成します。試作品によって

表1.1　一般的な設計手順としくみ

開発のステップ (設計、生産技術担当者実施事項)		しくみ(品質保証) (全社の総智総力を反映する、 レビュー会議、チーム活動)
製品企画	構想設計	商品企画会議、製品企画会議 0次DR(デザインレビュー) ＊0次承認会議
製品設計	詳細設計 FMEA,FTA作成 試作 評価、確認	原価企画 FMEAチーム活動 1次DR ＊1次承認会議
生産準備	正式出図 設備製作 量産試作 実機評価	工程設計DR 製造品質確認 2次DR ＊2次承認会議
量産		品質状況確認

＊承認会議とは:経営者による次ステップ移行承認会議

ある程度の評価ができた時点で、関係者を集めて FMEA チーム活動（FMEA の DR）を実施します。この FMEA 作成と FMEA チーム活動のときに、不具合事例集（含む過去トラ集）を使って起こりうる不具合すべてを書き出し、設計段階で手を打っておくことにより、品質上問題のない製品であることを証明できるわけです。

1.7　FMEA と DR の概要 ▶▶

　この節では、FMEA や DR とは何かよく知らない方のために、簡単に説明します。よく知っている方は、飛ばしていただいてもかまいません。そのあと、次節で各社の FMEA、DR の現状と課題について説明します。これは、セミナーの講師を実施すると、受講者の方からよく聞く FMEA、DR の悩みごとに対する回答となるものです。

1.7.1　FMEA とは

　不具合を未然防止するための手法に、FMEA（Failure Mode and Effects Analysis：故障モード影響解析）があります。表 1.2 にあるように、FMEA は、製品設計のみならず、製造工程、医療手順、飲食店の調理手順などのさまざまなプロセスにおいて、開発段階で、見えていない問題を見つけて解決する手法です。FMEA を使えば、闇雲に試験や実験をして未然防止するより、頭で考えて未然防止ができるので、効率的に仕事を片づけることができます。

　FMEA は未然防止の道具ですので、最初の試作図面の段階で実施すれば、試作回数を減らすことにも役立ちます。よって、FMEA は、最初の試作図面で実施します。その後、皆で集まってチーム活動の DR（デザインレビュー）で議論して抜けをなくす活動を実施します。

　図 1.1 が FMEA に使う帳票の一例です。普通、FMEA を実施する前

第1章 過去トラの4ポイントと一般的な設計業務の概要

表1.2 FMEAとは

開発のステップ		しくみ(品質保証)
製品企画	構想設計	商品企画会議 0次デザインレビュー *0次承認会議
製品設計	詳細設計 **FMEA作成** 試作 評価、確認	原価企画 **FMEAチーム活動** 1次デザインレビュー *1次承認会議
生産準備	正式出図 設備製作 量産試作 実機評価	工程設計DR 製造品質確認 2次デザインレビュー *2次承認会議
量産		品質状況確認

■FMEAとは

見えていない問題を見つけて解決する

問題発見　　問題解決

未然防止の道具→試作評価を繰り返す無駄を減

■FMEA実施時期、手順

1.最初の試作図面で設計者が作成

2.DR(チーム活動)で議論して抜けをなくす

3.理論的解決できない項目の評価計画作成

*承認会議とは,経営者による次ステップ移行承認会議

には、製品、構成部品の機能展開を実施し、各部品の機能を明確にします(設計者本人ですと、だいたいわかるので実施しない人もいますが)。

　FMEAは、通常A3の大きさの用紙を用いて作成します。まず左端に「部品名/変更点」を書く欄があり、そこに縦軸方向に、製品本体、組付参考図、構成部品を一つひとつ書いていきます。

　横軸には、次にその製品本体や部品の「機能」を書きます。

　次に「心配点」を書く欄があり、そこには、ここまで書いてきた部品について、その機能を果たさなくなる「故障モード」を考えられるかぎり書きます。

　次にその「故障モード」の「原因・要因」を書きます。例えば、電磁石の銅線が切れるという「故障モード」の「要因」としては、冷熱サイクルの繰り返し応力がかかって切れる、エンジンの振動で応力がかかって切れる、腐食して切れる、などいろいろなものが考えられます。

8

1.7 FMEA と DR の概要

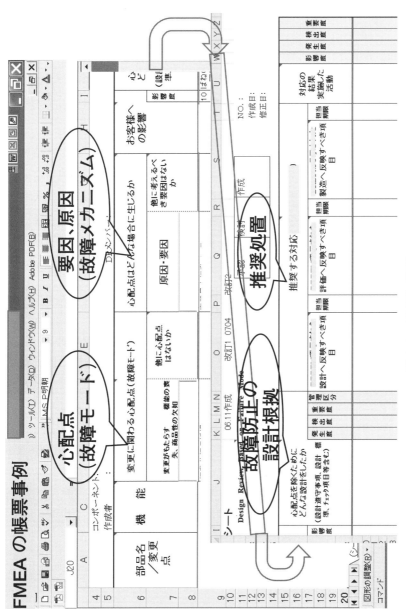

図 1.1 FMEA 帳票

その次に、もしその故障が起きたらお客様に渡る最終製品がどうなるか、「お客様への影響」欄に書き、その「影響度」を点数で評価します。自分が設計した車両搭載製品がどうなるかではなく、車両がどうなるかです。もし、火災になるのであれば、「影響度」の点数が高くなります。

その次が、この「故障モード」を防ぐためにどのように設計したかを、「故障防止の設計根拠」欄に記入します。

これだけのことを書いて、関係者で集まって、FMEA チーム活動を行います。チーム活動での指摘を、「心配点」、「要因」の「他にないか欄」に、評価方法が不充分の場合、次の「推奨処置」欄などに記入します。指摘の処置結果を「対応の結果実施した活動」欄に記入します。

ここまでの作業で一番重要な点は、機能を果たさなくなる「故障モード」を考えられるかぎり挙げられるかどうかです。ここで抜けが出ると、品質問題が発生してしまいます。そのために、あらゆる故障が書かれた不具合事例集でチェックする活動が必要になります。

これを実際に、ねじりばねの事例(図 1.2)を使って説明します。

車の部品であるスロットルのバタフライバルブの閉じ側に働くねじりばねを変更した場合のFMEA の事例です。アクセルペダルを踏むと、ワイヤーでつながっているバタフライバルブが開き、足を離すと、このばねでバルブが閉じるという部品です。

(1) 最初の試作図面で設計者が FMEA 作成

まず①部品のどこを変えたのかと、部品の機能を明確にします。今回は、ねじりばねの材質を変えたとします。機能はバルブを全閉にする機能です。

次に②「部品名 / 変更点」欄に、"ねじりばね、材質○○→○○、目的は強度 UP"と記入します。③「機能」欄に"バルブを全閉"と書きます。④「心配点」欄に、設計者が考えた心配点を記入します。設計者

1.7 FMEA と DR の概要

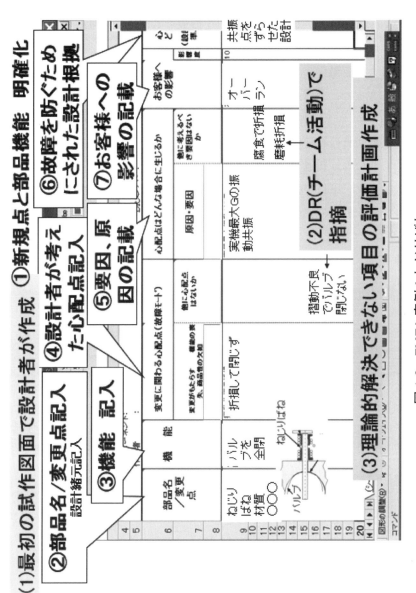

図 1.2　FMEA 事例：ねじりばね

第1章　過去トラの4ポイントと一般的な設計業務の概要

は「ばねが折損するくらいしかない」と考えて、"折損"のみ記入しました。⑤「原因・要因」として、"実機最大Gの振動共振で折損する"という原因を考えました。エンジンに搭載される製品や部品は、エンジンが最大回転数のときの爆発変動周期と一致する固有振動数の部品は、共振によって、計算上応力の20倍、30倍の応力が発生して折れるというものです。⑥この故障を防ぐために、共振点をずらした設計計算結果を「故障防止の設計根拠」欄に記入します。

　⑦もしばねが折れると車両がどうなるかを、「お客様への影響」欄に記入します。ばねが折れると、バルブが開き放しになる、すなわちアクセルを踏み放しの状態になります。重致命故障ですので、影響度は最大の10点になります。なお、実際にはばねは2本以上で構成するという法律(FMVSS)があり、1本折れても、もう1本で戻るようになっています。

(2)　チーム活動のDR(デザインレビュー)での検討

　この後、関係者が集まって、設計者が考えた「心配点」(故障モード)や「要因・原因」(故障メカニズム)に抜けがないか検討します。ばねの例でいうと、ばねの折損に対する要因として、以前腐食して折損したことがある、ばねのガイドであるブッシング(樹脂カラー)とこすれて摩耗して折れたことがある、などの指摘が出たら、その指摘を「他の要因」欄に記入し、設計変更をするか、それらの不具合が起きないことを立証しなければなりません。また、「心配点」が"折損"だけでなく、"摺動不良でバルブが閉じなくなることがあった"などの他の指摘が出たら、それを「心配点」の「他の心配点」欄に記入します。

(3)　評価計画の作成

　以上を記入したら、理論的に故障防止を立証することが可能であれば、

12

「故障防止の設計根拠」欄に、その理由や計算結果を記入して、立証完了となります。腐食や摩耗など、理論的な計算では立証できない項目は、今後の耐久試験や要素試験を実施する計画を作成することになります。

　以上、FMEA でどんな作業をするのかわかっていただけたと思います。

1.7.2　DR(デザインレビュー)とは

　表1.3 に示すように、DR(デザインレビュー)は、「設計の段階で、性能、機能、信頼性、価格、納期などを考慮しながら設計について審査し、改善をはかること。審査には設計、製造、検査、運用などの各分野の専門家が参加する」という手法です。

　筆者が所属していた会社の規程では、製品企画段階、製品設計段階、生産準備段階の3回、時間をかけて実施することになっていました。そ

表1.3　DR(デザインレビュー)とは

開発のステップ (設計、生技担当者実施事項)		しくみ(品質保証) (レビュー会議チーム活動) 全社の総智総力を反映
製品 企画	構想設計	商品企画会議 0次デザインレビュー *0次承認会議
製品 設計	詳細設計 **FMEA作成** 試作 評価、確認	原価企画 **FMEAチーム活動** 1次デザインレビュー *1次承認会議
生産 準備	正式出図 設備製作 量産試作 実機評価	工程設計DR 製造品質確認 2次デザインレビュー *2次承認会議
量産		品質状況確認

＊承認会議とは,経営者による次ステップ移行承認会議

■DRとは

性能、信頼性、価格、納期について、設計、品保、製造、専門家 etc. の有識者で審査し、改善を図ること

■DRの問題点

・活発な議論にならない　・議論が発散する　・一方的な設計説明で終わる
・形式的なDRになっている

■DR実施時期、やり方

早めに、議論ポイントを分けて実施。時間切れで終わらない。日を変えて何度も実施。

1回の DR で、性能、信頼性、価格、納期すべて実施は不可能

の後、経営者による次ステップ移行承認会議を短時間で実施するというやり方です。

1.8　現状のDR、FMEAの課題とその解決策

1.8.1　DRの課題と解決策

　筆者のセミナーで、受講者からよく聞くDRの問題点としては、活発な議論にならない、議論が発散する、一方的な設計説明で終わる、形式的なDRになっている、専門家が出席してくれない、などがあります（表1.3参照）。

　このような意見が出る原因は、3つあります。1つ目は、DRの審議者が自分の仕事優先で、世のため人のために真剣に労力を使わないことです。要請を受けて出席はするものの、その場しのぎで思いつきの指摘をするだけの人が多いようです。

　これを解決するには、議論するテーマに関するチェックリストが必要で、皆で一つひとつ地道にチェックしていくことが重要です。例えば樹脂の部品を設計したときに、樹脂部品の品質を議論する場合、樹脂の故障モードをすべて知ることができるチェックリストで、漏れなく皆でチェックしていく活動です。NASAの宇宙ロケットも、最終確認はチェックリストでチェックしていました。

　2つ目の原因は、1回のDRで性能、信頼性、価格、納期などのすべてを議論しようとすることです。それでは意見が四方八方に分散して、すべてが消化不良に終わってしまいます。

　ある回はコストだけを議論するなど、ポイントを分けて実施する必要があります。開催時間を1〜2時間にとどめることで、専門家も出やすくなります。時間が足らなければ、続きを、日を変えて何度も実施すれ

1.8 現状の DR、FMEA の課題とその解決策

表1.4　各種 DR の事例

しくみ(会社規程)		事業部しくみ事例	議論ポイント	
製品企画	商品企画会議	成立性DR	機能、性能	早めに、議論ポイントを分けて実施。
	0次デザインレビュ	ESDR (early stage)	性能、信頼性、価格、納期	
	*0次承認会議		性能、信頼性、価格、納期	時間切れで終わらない。
製品設計	1次試作図面 原価企画 FMEAチーム活動	製造検討会	作り方	
		PQDR (perfect quality)	品質	日を変えて何度も実施。
		耐久品精査会	品質	
	1次デザインレビュ *1次承認会議		性能、信頼性、価格、納期	
生産準備	出図	出図相互チェック	図面出来栄え	
	工程設計DR	耐久品精査会	品質	
	2次デザインレビュ *2次承認会議		性能、信頼性、価格、納期	
量産	品質状況確認	伝承DR	性能、信頼性、価格、納期	

＊承認会議とは経営者による、次ステップ移行承認会議。

ばよいのです。時間切れで終わることを防げます。

　3つ目の原因は、司会者の運営能力です。司会者によって成果が大きく左右されることが多いのも事実です。司会者による成果の差異を少しでも小さくするには、上記の点に加えて議論の着眼点などについてまとめた司会者注意事項集を作ると効果があります。

　表1.4 に、各種 DR の事例を示します。会社規程の DR とは別に、さまざまな DR を、早めに、議論ポイントを分けて実施していました。他事業部も、トコトン DR、ミニ DR、チャット DR などの名称をつけて、事業部独自の DR を実施していました。

1.8.2　FMEA の課題と解決策

　このところ年に 10 回ほど FMEA 関連のセミナーを実施するのですが、受講者からよく聞くのは、FMEA を実施しても何の役にも立たな

第1章　過去トラの4ポイントと一般的な設計業務の概要

い、FMEAのプロといわれる先生に習っても、たとえプロの先生にやらせても、効果的なFMEAができない、などです。

このような意見が出る原因は3つあります。1つ目は、起こりうる不具合現象（故障モード）すべてに気づけないことです。効果的なFMEAを実施するには、すべての故障モードに気づく知識が必要なのです。知識がない場合は、すべての故障モードに気づくための道具、いわゆる不具合事例集（含む過去トラ集）が不可欠です。自部署で起こしたことのあるトラブル集である、過去トラ集だけでは、再発防止しかできません。今後起こりうるすべての「故障メカニズム」、「故障モード」のチェックリストが必要です。例えば樹脂の部品を設計するときに、樹脂の「故障メカニズム」、「故障モード」をすべて知ることができる道具です。ここで、「故障メカニズム」とは故障の原因であり、「故障モード」とはアイテムにおける故障の様子のことです。樹脂の例でいえば、熱劣化を起こしてひび割れる現象が「故障メカニズム」で、その結果、「故障モード」は製品によって違いますが、容器が液漏れする、電気製品がショートするというのが「故障モード」です。

これを補填するために、DR（経験者、専門家を集めて助言をもらう会議）を実施するわけですが、ほとんどの出席者は思いつきの指摘をするだけで、十分補填できないのが現状ではないでしょうか。

2つ目の原因は、起こりうるすべての不具合事例集（含む過去トラ集）やノウハウを蓄積している会社は多いものの、それが使いやすく加工されてないために、有効活用している会社がほとんどないということです。

不具合事例集（含む過去トラ集）を使いやすく加工し直すことが必要なのです。また、設計者といっても、ベテランもいれば、初心者もいます。それぞれの能力に合わせた見やすい不具合事例集が必要です。設計者が忙しいときには、使いにくいものは誰も使いません。この不具合事例情報を使いやすく加工し直す作業を知恵と工夫を駆使して実施することが

16

重要です。

　3つ目の原因は、毎年メンテナンスをしてないので、不具合事例集が効果的に使える状態になっていないことです。組織として毎年強制的に、それぞれ見直しした過去トラ集を出させるようにしないと、使い物になりません。

　不具合事例集を常に加工し直して、使いやすい状態に維持することが重要なのです。

1.9　未然防止活動の成果 ▶▶

　品質がよくなったことを定量的に示すのは難しいですが、筆者が後述する活動を実施することにより得た成果を、①設計が図面を製造部に渡してから量産を開始するまでの設計変更件数と、②事業部のリコールなどの重要品質問題件数で示したのが**図 1.3** です。筆者が毎月調査して出した、有効性と効率化の指標です。

　①　2010 年に技術部の出図後の設計変更件数「0」件を達成しました。

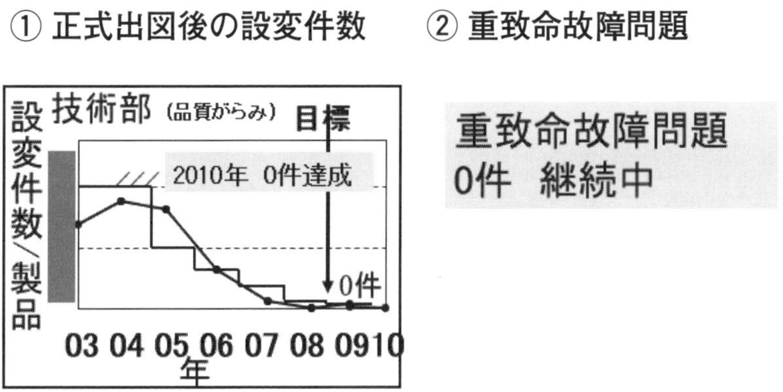

① 正式出図後の設変件数　　② 重致命故障問題

図 1.3　不具合未然防止活動の成果

第 1 章　過去トラの 4 ポイントと一般的な設計業務の概要

また、

② 事業部の品質も年々よくなり、重要品質問題は「0」件を継続できています。

そしてこの活動が認められ、2009 年に日本科学技術連盟の日本品質奨励賞　品質革新賞を受賞しました。

1.10　本章のまとめ ▶▶

このように使いやすい過去トラ集を作り、FMEA 作成や FMEA チーム活動で活用することで、品質問題をゼロにするという結果を出すことができました。以降の章で、その具体的な方法について解説していきます。

第2章 ▶▶

過去トラの集め方・まとめ方

　本章では、過去トラの集め方とまとめ方、すなわち過去トラの詳細な書き方と過去トラの分類方法について解説します。使いやすい分類と、必要なときに必要な過去トラが探せる環境を作ることが重要です。

第2章　過去トラの集め方・まとめ方

2.1　過去トラの集め方 ▶▶

　筆者は、いろいろなメーカーに講演にうかがう機会がありましたが、過去トラの収集はどのメーカーでも行われており、日本のメーカーの設計部門のほとんどは、製品の構成部品別に、過去に起こしたトラブルを集めてチェックシートを作成していました。相対的に規模が小さい会社でも、製造している製品の設計部隊が同様に、過去に起こしたトラブル事例を集めてチェックシートにしていると思われます。その一例を図2.1 に示します。AT の圧力制御弁の事例です。ここで、Assy 図とは製品全体の図で、構成部品の品番や製品性能、製品の取り扱い注意事項などを示した図面であり、SubAssy 図は製品の一部の細かい組立て単位の図です。これは、量産後の過去トラだけでなく、試作時の過去トラも記録されていて、また今後起こりうる故障、製品ノウハウなども入っているよい事例です。

　問題は、ほとんどの会社で、集めた過去トラからチェックシートを作成する際、図2.1 のように文章のみで書いてあり、使い慣れた人でないと理解不可能になってしまうケースが多いことです。この解決策としては、図2.2 に示すように、最近はパソコンでデータ保存しているケースが多いので、各項目の後に、ハイパーリンク（関連ファイルまたは Web ページにリンクを設定して、直接参照できるようにすること）で、詳細説明が見られるようにすることです。図2.2 の電池腐食の事例は筆者が作ったものですが、インターネットで探すこともできます。過去トラの詳細は、A4 1枚で理解できるようにまとめてあるのがベストですが、長文の報告書のハイパーリンクでもあるほうがよいです。

　過去トラの種類としては、自職場の課あるいは設計室の過去トラ、参考になる他職場の過去トラ、他部門の過去トラなどがあります。これらの資料が、会社としてどこかに蓄積してあれば、使いやすいように整理

2.1 過去トラの集め方

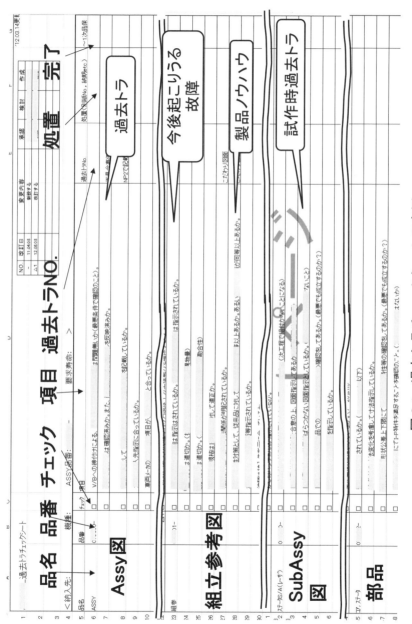

図 2.1　過去トラチェックシートの事例

第2章 過去トラの集め方・まとめ方

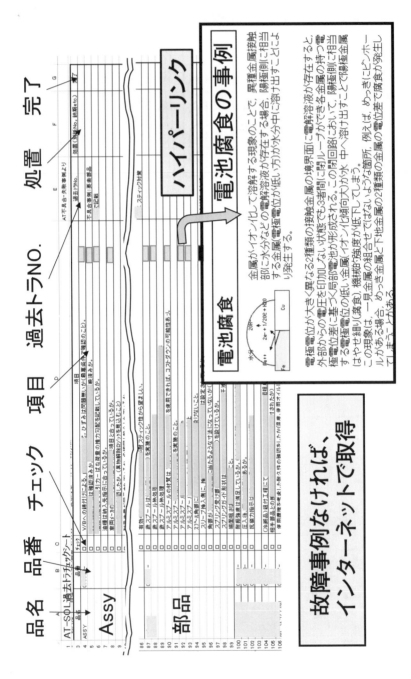

図 2.2 過去トラチェックシートの改善

し直すだけですから、後の仕事は楽になります。

しかし、これらはあるほうがよい、という程度の最低限です。これ以外に、世の中に知られている故障メカニズム、故障モード情報も収集し、追加すべきです。でないと、自社では起きたことはないが、他企業で発生し、よく知られている故障メカニズム、故障モードで今後問題を起こす可能性があります。例えば樹脂の不具合事例集（含む過去トラ集）を作るとしたら、自社内のすべての過去トラだけでなく、樹脂のクリープ、加水分解のような故障メカニズム、故障モードがすべて入っている不具合事例集を作るということです。これは、大企業なら、材料技術の専門家に聞いて集めることができるはずです。相対的に規模が小さい会社の場合は、図書館やインターネットなどでかなりの情報が集められます。

筆者の情報収集の仕方は、参考となる書籍があれば、その書籍の巻末に参考文献が記載されています。それをまた探せば、芋ヅル式に文献が出てきます。それを全部読めば、すぐにその道のプロになれます。

知らないことをそのままにしておく人がいます。「知らない」と言うのは、自分の情報収集のアンテナが低いのです。情報は取りに行くものです。

さらに、製品の設計の留意点、ノウハウなども追加することが重要です。このノウハウの集め方については、第3章で説明します。

2.2　過去トラのまとめ方 ▶▶

過去トラ集はチェックするための道具ですので、見やすく・理解しやすくまとめる必要があります。ここでは、過去トラ事例詳細の書き方と過去トラの使いやすい分類方法について解説します。

2.2.1　過去トラ事例詳細のまとめ方

過去トラ事例詳細を見やすく・理解しやすくまとめるには、過去トラ

第2章　過去トラの集め方・まとめ方

を A4 1枚で、何が起こったか、原因は何で、対策はどうしたか、管理
面の反省は何か、を書けるように、用紙を統一するとよいです。

　過去トラをまとめる際の重要なポイントは、以下の3点です。

①　なるべく文字は少なく、絵を多用して簡単明瞭に書くこと。専門
　　用語、製品特有の言葉などは使用せず、誰でも理解できる言葉を使
　　用する。

②　メーカー名、エンジン名称、発生時期といった、関係者以外に出
　　してはならない「マル秘」言葉は書かないこと。

　これを書くと関係者しか見られなくなります。チェックのための道具
ですので、「マル秘」言葉は必要ありません。

③　様式・フォーマットを統一する

　会社として、過去トラを、①不具合状況（何が起こったか）、②原因は
何で、③対策はどうしたか、④管理面の反省は何か、をまとめられるよ
うに、A4 1枚など、様式・フォーマットを統一すべきです。筆者の会
社でも、教育用として A4 1枚で作成し、保存するというルールがあり
ました。

　A4 1枚で書くことをルール化しても、忙しいと書き忘れる設計者が
いますし、書いても言い訳や余分な情報が多く、理解しにくい場合が多
いのも事実です。また、その製品特有の品名、専門用語ばかりで意味が
わからないケースも散見されます。これを解決するため、忙しい設計
者には、報告書を提出してもらい、筆者が A4 1枚にまとめていました。
また、理解しにくいものは、筆者が書き直しました。このように、第三
者が誰でも理解できるように書き直すことが必要です。**図 2.3** は、右側
が問題を起こした設計者が書いた事例で、左側は筆者がまとめ方のポイ
ントに沿って書き直した事例です。

　セミナーを実施すると、この過去トラのまとめ方がわからないという
方がみえますので、書き方について説明します。

24

2.2 過去トラのまとめ方

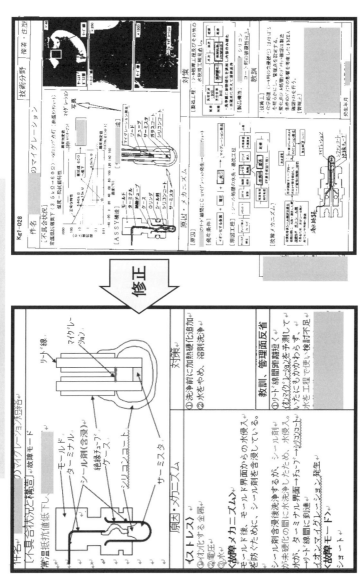

図 2.3 過去トラ A4 1枚の事例

① 不具合状況（故障モード）と構造（なにが起こったか）

これは、どんな問題が起こったのか、生じた問題事実を書くだけです。この後の原因の説明に必要な、構造図などを入れておきます。

② 原因、メカニズム

不具合はすべて、次のストーリーで発生します。

(i) ストレスがかかることにより

(ii) 故障メカニズムが発生し

(iii) 製品によって異なる種々の故障モードが起こる。

原因はこの３つを記入します。図2.3の「イオンマイグレーション」の事例で説明すると、「イオンマイグレーション」とは、金属がイオン化して移行する現象のことで、直流電界の印加された金属間に水分など電解溶液が存在する場合、金属がイオン化して電気的な引力で移動し髪の毛のように伸びてきます。これが電気製品の対極に達すると、ショートするという故障モードが発生します。ここで、

(i) ストレス：電気と水分

(ii) 故障メカニズム：イオンマイグレーション

(iii) 故障モード：ショート

です。

③ 対策

上記の(i)ストレス、(ii)故障メカニズム、(iii)故障モードのどれか１つを取り除けば、不具合を対策することができます。このうちのどれを採用したか記入します。

④ 教訓、管理面の反省

ここは主に、「こんなことをしておけばこの問題は起きなかったので、こう対策する」という反省点を記入します。例えば、「過去トラ集に記載がもれていたことが判明したので、毎年過去トラ集を見直すことをルール化した」などです。

2.2.2　過去トラの分類方法

　過去トラを集める際は、まず使いやすい分類を考えて、蓄積すべきです。ここでは、使いやすさを考慮した分類方法について説明します。設計基準などと同様に、不具合事例集も、分類の仕方が悪いと、使いにくいものになってしまいます。この後、設計の過去トラの分類方法、製造の過去トラの分類方法について説明します。

　セミナーなどで、各社の過去トラの保存の仕方を聞くと、その場しのぎで起きた年代順に過去トラ詳細を蓄積している会社が多いようです。これでは使いにくいことこの上ありません。しかし、悲観することはありません。現代では、過去トラ集はほとんど電子データで保管されているはずですので、この後説明する分類方法で整理した過去トラ説明短文の後に、ハイパーリンクで過去トラ詳細を見られるようにすれば、使いやすい過去トラ集に変貌させることができます。紙資料の場合には、電子データ化してくれる業者に頼めば電子データ化してもらえます。なお、分類を決めておいても、メンテナンスの際、各自の判断で入れていくと、判断にばらつきが出たり、言葉が不統一になったりする可能性があるので、登録は担当者を決めるとよいと思います。

（1）　過去トラの分類方法

　ここでは、設計の2種類の分類方法について説明します。

　①　構成部品別の分類

　過去トラチェックシートは使いやすいことが第一です。よって、専門メーカーの場合、作っている製品が決まっているのであれば、その製品の構成部品別に過去トラをまとめると、使いやすい道具になります。構成部品の設計をするときにその構成部品の過去トラだけ見ればよいからです。日本のほとんどのメーカーはこの分類でまとめられています。そ

の例が前節の図 2.1 です。

② 材料、加工・処理方法別の分類

さまざまな製品を設計している部隊がいる事業部の場合や、常に新製品を開発しているような設計部隊の場合には、材料、加工・処理方法別に過去トラ集をまとめた方が使いやすくなります。例えば樹脂部品を設計したら、樹脂の過去トラだけ見ればよいし、事業部全員の設計者が使えるからです。

筆者が所属していた事業部の技術部は 1 部と 2 部の 2 つに分かれ、筆者は技術 2 部の油圧関係の品質リーダーとして、部の予防品質活動を専門で担当していました。技術 1 部はエンジンの吸排気関係部品やセンサー関係を設計しており、ここが、電子制御回路設計からソフトウェア設計を実施していました。ですから、エンジン周りの機械関係から、電子制御回路、マイコン(マイクロコンピュータ)、ソフトウェアまでの設計全般の過去トラが必要でした。

また、製品の種類も 50 種類ほどあるため、50 種類の設計者が使える道具が必要でした。そこで、機械関係の分類は材料、加工・処理方法別としました。その分類を図 2.4 に示します。この後、第 3 章にて、この分類でまとめた事例を紹介します。

(2) その他の過去トラの分類方法

ここでは筆者が考えた製造関係の 2 つの分類方法、

① 製造工程別の分類方法

② 5M1E 別の分類方法

について説明します。

① 製造工程別の分類方法

製品は、まず材料を使って、部品を切削やプレスで作って、それを組み付け工程に供給して、圧入や溶接、ねじ締めして完成します。製造部

2.2 過去トラのまとめ方

図 2.4 過去トラの分類事例

門においては、このように工程順に過去トラを分類する方法があります。製造工程順の分類を**表2.1**に示します。食品で例えると、材料を手配する、切る、(焼く・煮るなど)加熱する、盛り付ける、といった料理の手順ごとに過去トラを分類すると、使いやすくなります。

　この分類方法について、事例でもう少し詳しく説明します。表2.1の部品製作の樹脂成型の場合、成型に影響する要因が沢山あります。**図2.5**にその事例を示しますが、要因項目ごとに、過去トラ事例、実験計画法などで、最適条件を探り当てたノウハウなどを入れておくと、過去トラチェックシートというより、ノウハウも入った不具合事例集(含む過去トラ集)として使いやすい道具になります。事例では、仮想事例ですが「小さなゲートから早い射出スピードで成型すると、ウェルド割れが発生する」という過去トラ事例が示してあります。ウェルドとは、ゲートから溶けた樹脂を型内に流したとき、最後にくっついて固まる部分のことで、この部分は、強度が低くなります。ゲートとは樹脂を流し込む穴のことです。応力がかかるところにウェルド面をもっていきたくない場合には、設計図面にゲート位置を指定して、応力のかかるところにウェルドが来ないようにする必要があります。

　また、表2.1の組付けのねじ締めの場合は、ねじを締め付ける工程フロー順に小分類に並べて、過去トラや、今後起こりうる故障モードなどを集めて整理記載すれば、第4章で説明する製造工程FMEAの使いやすいチェックシートになります。その事例を**図2.6**に示します。事例には、レンチのエアー圧不足で締付トルク不足、ボルト脱落・浮きなどの短文の後に、過去トラ詳細がハイパーリンクで見られるように示してあります。

　② 　5M1E別の分類方法

　作業のしやすさ(Man)、必要な治工具・方法(Method)、機械・設備(Machine)、手袋やメガネなどの備品や副資材・材料(Material)、

表 2.1　製造工程順の過去トラ分類事例

大分類	中分類	小分類	過去トラ事例
材料	ねじ、バネ	受入検査	・・・・・
	金属	板材	海外：検査捏造による異材
	：	丸棒	海外：相当材に変更しタンク強度低下
	樹脂	・・・・・	・・・・・
	ゴム		
	・・・・・・・		
部品製作	切削	成型機、成型条件	含浸材吹き出し固着
	研削	金型、成型材料	・・・・・・
	鋳造	製品設計	A製品のウェルド割れ
	ダイカスト	管理	・・・・
	鍛造	・・・・・	
	プレス		
	樹脂成型		
	・・・		
組み付け	ねじ締め	段取り、水すまし	・・・・・
	圧入、かしめ	ねじ整列機	B製品のボルト脱落・浮き
	溶接	ねじ取り出し	・・・・・
	接着、塗装	ねじ締、工具、	
	表面処理（メッキ、化成処理）	空気圧	
	部品供給、ボカ除け、チョイ置		
	はんだ、ロー付け		
	・・・・・		

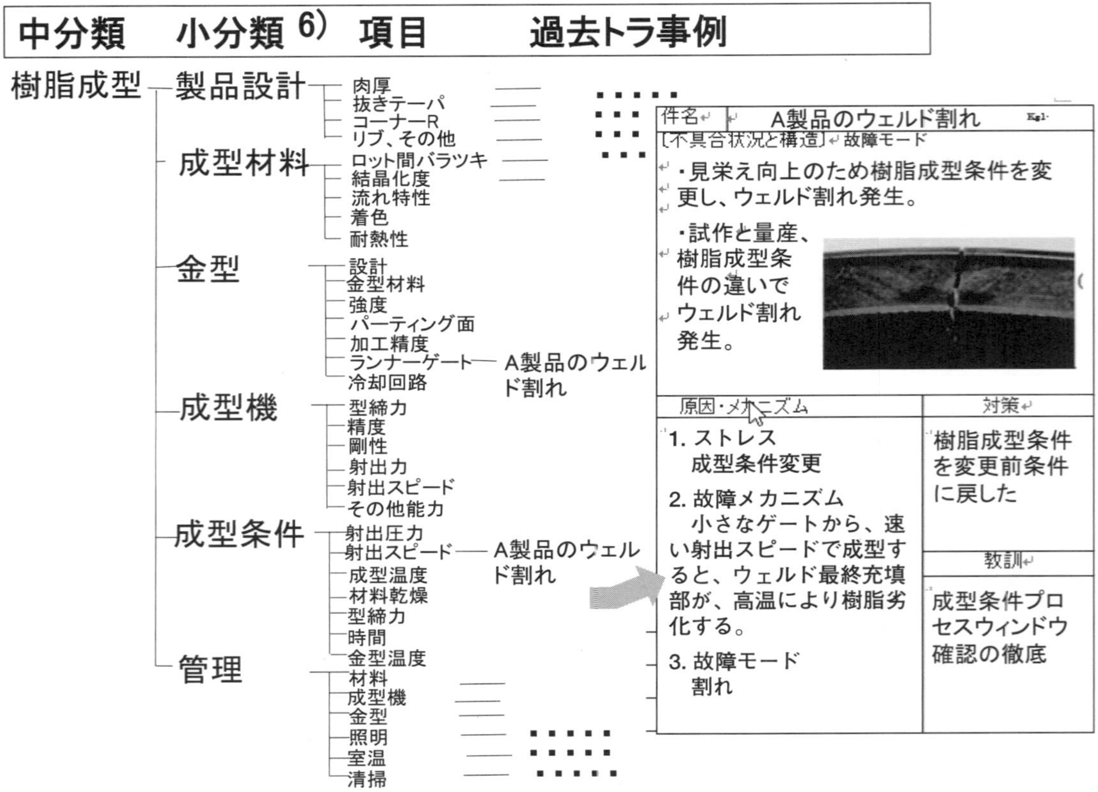

第2章　過去トラの集め方・まとめ方

中分類　小分類 6)　項目　過去トラ事例

樹脂成型

- 製品設計
  - 肉厚
  - 抜きテーパ
  - コーナーR
  - リブ、その他
  - ロット間バラツキ
  - 結晶化特性
  - 流れ特性
  - 着色
  - 耐熱性
- 成型材料
  - 設計
  - 金型材料
  - 強度
  - パーティング面
  - ランナーゲート
  - 加工精度
  - 冷却回路
- 金型
- 成型機
  - 型締力
  - 精度
  - 剛性
  - 射出スピード
  - その他の能力
- 成型条件
  - 射出圧力
  - 射出スピード ── A製品のウェルド割れ
  - 成型温度
  - 材料乾燥
  - 型締力
  - 時間
  - 金型温度
- 管理
  - 材料
  - 成型
  - 金型
  - 照明
  - 室温
  - 清掃

A製品のウェルド割れ

件名：　A製品のウェルド割れ

【不具合状況と構造】→故障モード

・見栄え向上のため樹脂成型案件を変更し、ウェルド割れ発生。

・試作と量産、樹脂成型案件の違いでウェルド割れ発生。

原因・メカニズム

1. ストレス　成型条件変更
2. 故障メカニズム　小さなゲートから、速い射出スピードで成型すると、ウェルド最終充填部が、高温により樹脂劣化する。
3. 故障モード　割れ

対策

樹脂成型条件を変更前条件に戻した

教訓

成型案件プロセスウィンドウ確認の徹底

図2.5　樹脂射出成型の過去トラ分類

2.2 過去トラのまとめ方

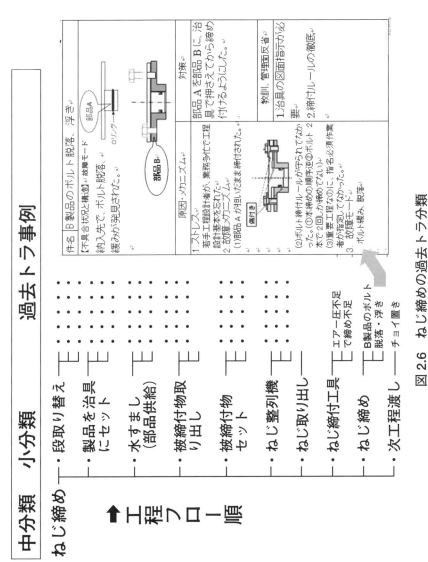

図 2.6 ねじ締めの過去トラ分類

検査に必要な測定器具（Measurement）作業環境・設備スペース（Environment）など、5M1E の観点で過去トラを分類する方法があります。図 2.7 にその事例を示します。製品ができるまでの工程別に分類した過去トラ集には、具体例の詳細をこの 5M1E 別の分類から、ハイパーリンクで取り出せるようにすれば、種々の探し方ができて、使いやすくなると思います。この具体的な事例は、第 3 章で説明します。

このように分類すれば、事業部がたくさんある会社では、かなりの過去トラが集まり、例えば、ヒューマンエラーを防ぐ、知恵を出して工夫したポカ除け方法の一番よい方法を、皆が活用できるようになると考えられます。当然、過去トラだけではなく、今後起こりうる故障モード、

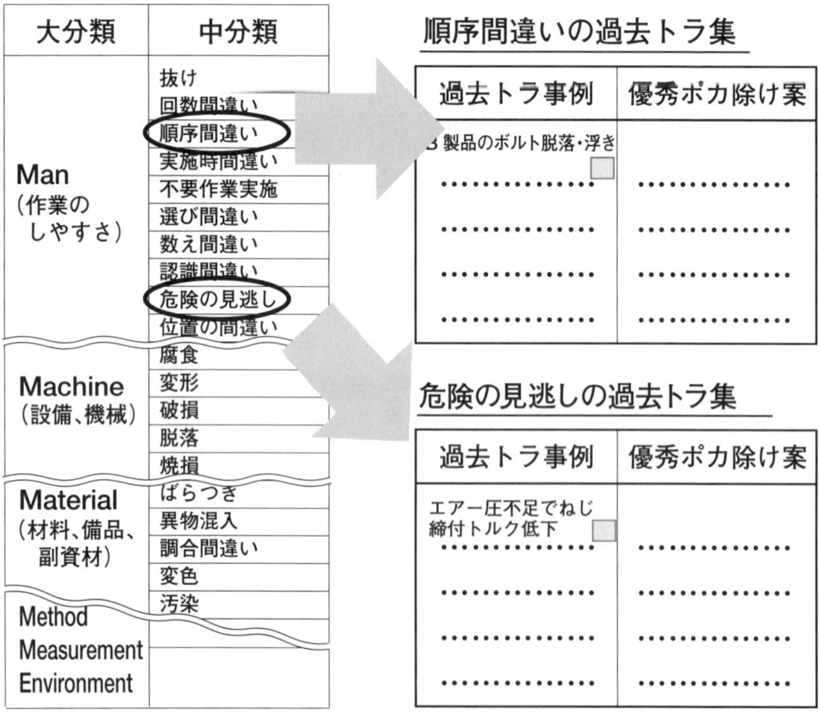

図 2.7　5M1E 別の過去トラ分類

製造方法の留意点やノウハウも入れておくことが必要です。

　以上の製造関係の分類とは違いますが、最近は事業のグローバル化に伴い、日本以外の生産が急拡大し、新興国での現地調達部品の不具合が急増しています。よって、海外特有の過去トラを明確にし、そこから反省できる教訓点をまとめ、人材育成の場面で活用できるように整理することも必要です。

　表2.1の材料の金属の丸棒の過去トラ事例として、これも筆者が作成した仮想事例ですが、「海外：検査書捏造による異材」という海外の事例について解説します。後述する不具合事例集である「FMEA辞書」も、海外過去トラは文章の頭に「海外：」と記しています。その事例を図2.8に示します。右下に異材の過去トラをA4 1枚でまとめてあります。背後の全体が過去トラの反省点からまとめた教訓集で、生産準備段階、詳細設計、工程設計、仕入先生産準備、量産工程管理、量産品品質状況確認段階ごとに分類してまとめてあります。図中の過去トラ事例は、生産準備段階の不具合事例です。

　また、予防品質ではないですが、トヨタ大野語録の「七つのムダ」（1. 造りすぎのムダ、2. 運搬のムダ、3. 手持ちのムダ、4. 加工のムダ、5. 在庫のムダ、6. 動作のムダ、7. 不良・手直しのムダ）で分類し、製造ラインのムダを省いたよい事例を入れておけば、使いやすく付加価値を生む作業改善のノウハウ集ができます。

2.3　本章のまとめ ▶▶

　以上、過去トラの集め方・まとめ方について解説しましたが、不具合発生のしくみを「ストレス」、「故障メカニズム」、「故障モード」の一連の流れとしてとらえ、使いやすい分類、必要なときに必要な過去トラが探せる環境を作ることが重要です。

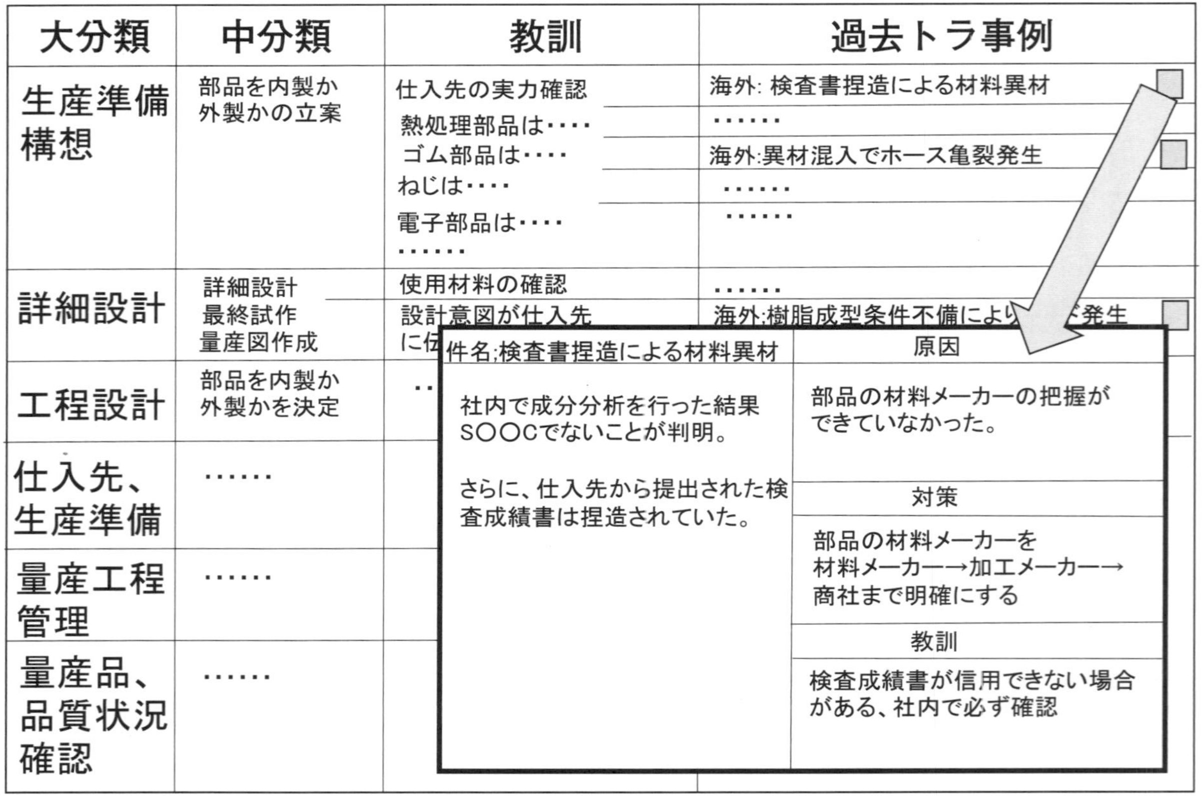

第2章　過去トラの集め方・まとめ方

大分類	中分類	教訓	過去トラ事例
生産準備構想	部品を内製か外製かの立案	仕入先の実力確認 熱処理部品は…… ゴム部品は…… ねじは…… 電子部品は……	海外:検査書捏造による材料異材 ……
詳細設計	詳細設計 最終試作 量産図作成	使用材料の確認 設計意図が仕入先に伝わる 件名:検査書捏造による材料異材	海外:異材混入でホース亀裂発生 …… 海外:樹脂成形型条件不備により……発生
工程設計	部品を内製か外製かを決定	……	……
仕入先、生産準備	……		
量産工程管理	……		
量産品、品質状況確認	……		

［吹き出し］

原因	対策	教訓
部品の材料メーカーの把握ができていなかった。 社内で成分分析を行った結果SOOCでないことが判明。 さらに、仕入先から提出された検査成績書は捏造されていた。	部品の材料メーカーを 材料メーカー→加工メーカー→商社まで明確にする	検査成績書が信用できない場合がある。社内で必ず確認

図2.8　海外購入品の製造過去トラと教訓集

第3章 ▶▶

過去トラ集の作り方

　不具合事例集 (含む過去トラ) は、使いやすいものをつくることが重要です。本章では、使いやすい不具合事例集の作り方を、事例を通して説明します。

第3章　過去トラ集の作り方

3.1　人の能力、DR などの場面に合わせた不具合事例集 ▶▶

　不具合事例集などの道具は使いやすくないと、なかなか使ってもらえません。設計者はベテランばかりではありません。経験の浅い設計者もいます。それぞれに合わせた使いやすい道具が必要です。また、不具合事例集でチェックする場面もたくさんあります。試作図面を作ったらチェック、FMEA 作成時にチェックなどの場面です。この場面ごとでも、使いやすい不具合事例集がないと、なかなか使ってもらえません。

　本章では、

　3.2　筆者が各種不具合事例集を作った理由

　3.3　設計の各種不具合事例集

　3.4　製造の各種不具合事例集

について説明することで、過去トラ集の効果的な作り方を示します。

3.2　筆者が各種不具合事例集を作った理由 ▶▶▶

　過去トラ集は、品質問題を起こして、その反省から生まれた教訓です。筆者が品質問題の反省事例から作成した FMEA 辞書、キーワード集、マクロ FMEA 作成シートについて説明します。

3.2.1　不具合発生原因と流出原因

　筆者の事業部で発生した各種品質問題を反省してみると、以下の原因だったことがわかりました。

　①　設計者の技術力不足(例えば、「ウィスカ」などの故障メカニズムを知らなかった)が原因で事前に手を打てなかった。

　②　DR などで、新規点、変更点を説明しなかったので、誰も心配点

3.2 筆者が各種不具合事例集を作った理由

に気づかなかった。

これを、「ウィスカ」の不具合の仮想事例で説明したのが、**図3.1**です。「ウィスカ」とは、金属がヒゲ状に結晶化して伸びていく現象です。

亜鉛メッキのワッシャをねじ締めするとストレスの「応力」が発生し、ストレスの「水分」の多い環境で使用すると、ワッシャから故障メカニズムの「ウィスカ」が成長し、これが対極に達して故障モードの「ショート」という不具合になります。

図3.1のように、設計者が「ウィスカ」という現象を知らず、絶縁材の厚さを薄くするという変更を行ったとします。ウィスカは、それほど長く伸びないので、対極との距離を大きくとっておけば、ショートは起きません。この製品を最初開発した設計者はそれを知っていたので、厚い絶縁材を使用して距離を取っていました。しかし、絶縁材を薄く変更した設計者は、大した変更点ではないと思い、DRで変更点として説明

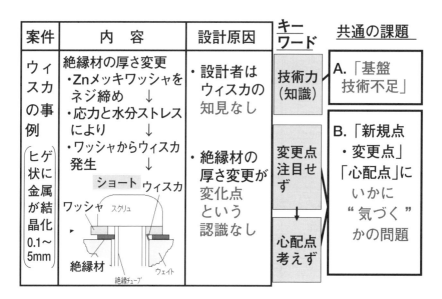

図3.1　品質問題分析：なぜ発生したのか

第3章　過去トラ集の作り方

しなかったので、心配点の検討が抜け落ちてしまいました。この不具合事例から言えることは、設計者の技術力不足であり、いかにして、新規点・変更点、心配点に気づくか、が大切なことです。

また、この不具合を流出させないために、いくつかの関門（DR などのしくみ）がありますが、それを全部すり抜けてしまいます。その説明が図 3.2 です。

まず、設計者が詳細設計をした後、FMEA を実施します。ここで、ウィスカに気がつけば防げたのですが、知らないことは、気づけません。その後、FMEA チーム活動で、設計者の検討結果に抜けがないか検討するのですが、絶縁材の厚みが変更点であることを説明しないと、審議者も気づきません。

DR（FMEA チーム活動）は、事前に設計 FMEA や説明資料を審議者に渡し、質問や指摘を考えてもらっておくのが理想ですが、DR 直前で

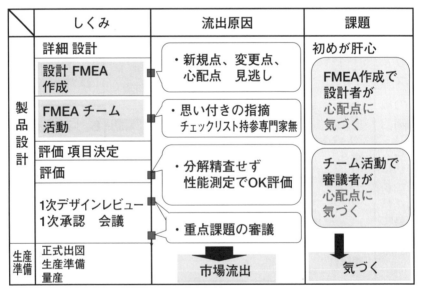

図 3.2　品質問題分析：なぜ流出したのか

ないと事前配付資料ができないケースが多く、指摘はその場で思いつくことができたものに限られます。ましてやチェックシートを持参してチェックしてくれる人がいなければ、ここでも発見されずに通過してしまいます。その後、試作品を作り、耐久試験でショートしてくれれば気づけますが、発生したのが、たまたま短いウィスカだとショートしません。その後、分解調査せずに製品性能だけ測って、OK評価を出してしまうと、ここも通過してしまいます。その後実施される1次DRや1次承認会議は、経営トップなどが出席するため、長い時間が取れず、概要説明と重点課題の審議に絞られるケースが多く、ここも通過すると、結果的に市場に流出してしまいます。

3.2.2　各種不具合事例集の必要性

　設計者がFMEAを作成するときに設計者が「心配点に気づくか」、またFMEAチーム活動のときに審議者がいかにして「心配点に気づくか」が重要です。すなわち、設計者がFMEA作成時に気づく道具、チーム活動のときに審議者が気づくための道具が必要です。

　また、不具合事例の発生原因を分類したのが、**図3.3**です。図の左が原因を分析したもので、ほとんどの不具合が既知のメカニズムで発生した「再発不具合」でした。ということは、未然防止が可能だということです。また、右側の不具合を起こした製品のFMEAを調べると、65%が心配点に気づいていなかったことがわかりました。そのうちの80%がチーム活動のとき、変更点を明示していなかったことが原因であることが判明しました。

　それでは、皆が「気づく」ためにはどうしたらよいかまとめたものを、**図3.4**に示します。

　「気づく」ためには、設計者や審議者が高い技術力を持つことが必要です。しかし、すべての分野のすべての故障メカニズム、故障モードを

第3章 過去トラ集の作り方

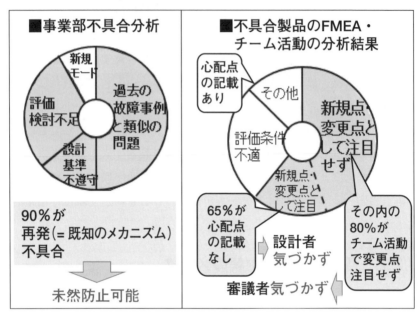

図 3.3　事業部不具合の原因分析

知っている人はいません。そこで、「気づきの力」を補助するため、単なる①過去トラ集だけではなく、②今までに起こしたことのない故障モードの不具合事例、③製品設計の留意点、ノウハウなども追加した不具合事例集(含む過去トラ集)が必要と考え、作ることにしました。それが図 3.4 の即席の技術力アップの道具である「FMEA 辞書」です。これは新人もベテランも使える道具です。

　また、ここまでで述べてきたように、不具合事例集で大切なことは、使いやすいことです。人は忙しいとき、面倒なことを避ける傾向があります。人の能力、DR などの場面に合わせた道具が必要です。そこで、DR の審議者やベテランにとって使いやすくまとめた不具合事例集を作りました。それが「キーワード集」です。また、場面に合わせた道具として、設計者が FMEA 作成時に使える不具合事例集が「マクロ FMEA

問題点	考え方	進め方(道具開発)
・気づく技術力がない	即席の技術力ＵＰ わからない、知らない時、すぐ見れる、わかる	(1)FMEA辞書 製品設計に必要な技術ノウハウ、道具などの使いやすい倉庫
・気づかない ◇FMEA作成設計者 ◇DR審議者	新規点、変更点に気づく	(4)新規点・変化点抽出シート
	心配点に気づく	(2)キーワード集 (3)マクロFMEA作成シート
	気づきを促進	(5)司会者の注意事項集

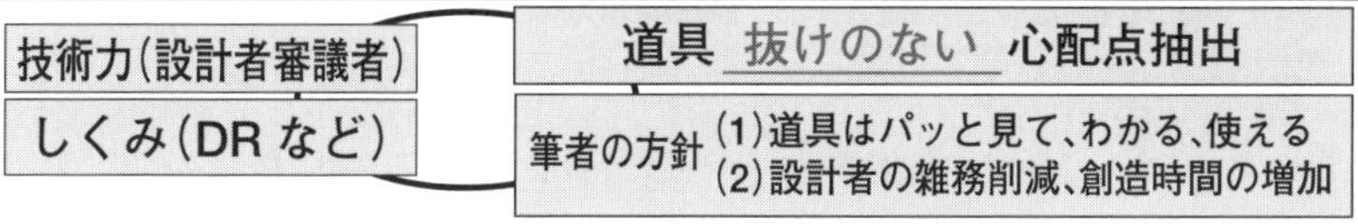

技術力(設計者審議者)
しくみ(DRなど)

道具　抜けのない　心配点抽出

筆者の方針 (1)道具はパッと見て、わかる、使える
(2)設計者の雑務削減、創造時間の増加

図3.4　心配点に気づくための仕組みづくり

作成シート」です。さらに、品質問題発生原因のひとつである、「DRなどで、新規点、変更点を説明しなかったので、誰も心配点に気づかなかった」ことを対策するため、新規点、変更点を説明できる「新規点・変更点抽出シート」も作成しました。また、DR司会者の運営能力でDRの成果が大きく左右されるので、「司会者の注意事項集」を作りました。これらについては、第4章で説明します。このように、仕事は重要ポイントを明確化してから始めるとよいです。ポイントがわからないと、無駄な仕事が多くなります。

　品質問題をゼロにするには、技術力やDRなどのしくみが必要ですが、それだけでは不十分で、抜けのない心配点が抽出できる道具が必要です。しかも、その道具はパッと見てわかる、すぐ使える道具であることが必要です。さらに、設計業務の6割以上は設計業務に直結しないがやらなければならない業務であり、第三者がこの仕事を肩代わりするなど、設

第3章　過去トラ集の作り方

計のやるべき業務の時間を増やすことにより、設計の心を掴むことも重要です。これらの条件を満たす道具が、適切に収集・作成・使用・管理された不具合事例集なのです。

3.3　設計の各種不具合事例集 ▶▶

　筆者の作成した3つの不具合事例集、① FMEA 辞書、②キーワード集、③マクロ FMEA 作成シートについて、以下で具体的な作成過程について解説します。不具合事例集の作り方として、参考にしてください。

　①　FMEA 辞書…ベテランも経験の浅い設計者も使える不具合事例集

　②　キーワード集…審議者が DR のときに使える不具合事例集

　③　マクロ FMEA 作成シート…設計者が FMEA 作成時に使える不具合事例集

3.3.1　FMEA 辞書

　FMEA 辞書は分野別の設計留意点、過去トラ集、基盤技術、チェックの道具などが入った使いやすい倉庫といえます。これは、設計者の技術力を補填するもので、設計するときにわからないことがあれば、見てすぐに確認できるというものです。**図 3.5** に FMEA 辞書の概要を示します。

　FMEA 辞書は、(1) FMEA 辞書、(2)故障事例、(3)チェックシート作成の3つの機能を持っています。

（1）　FMEA 辞書機能

　FMEA 辞書機能では、図 3.5 に示すように機械関係から電子回路設計、ソフトウェアまでの不具合事例を記載し、また各製品の設計ノウハウまで網羅しています。例えば、図 3.5 の「06.金属材料」のリンクをクリッ

3.3 設計の各種不具合事例集

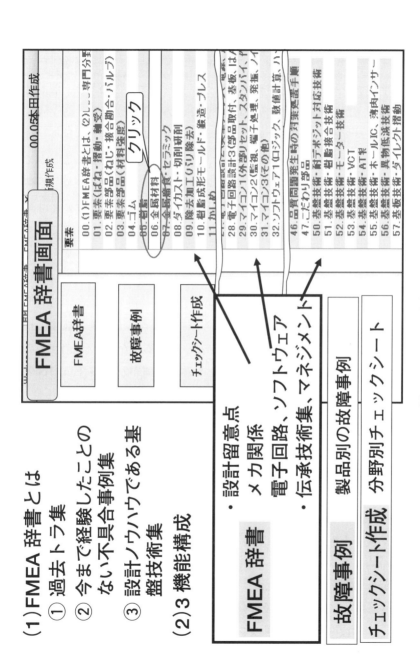

図 3.5 FMEA 辞書

クすると、**図3.6**の画面が現れ、横軸「危ない材料」、「ストレス」、「故障メカニズム」、「故障モード」、「故障事例・留意点」、「設計基準」について簡単なフレーズで整理された情報が見られます。このとき、製品特有の専門用語だと他の設計者が理解できないので、誰でもわかるように一般化された言葉で記入してあります。さらに詳しく知りたい場合には、該当するリンクをクリックするだけで、詳細な説明資料を見ることができます。例えば、図3.6にある「故障メカニズム」の「ウィスカ」が何かわからない場合には、リンクをクリックすると、「ウィスカ」の「発生原理」、「発生条件」、「対策」がA4 1枚の様式・フォーマットで出てきます。

また、左端に「危ない材料」が書いてあるので、例えば、「05.樹脂」の画面でABS樹脂を使った部品のチェックをする場合、危ない材料欄にABSと書いてある項目のみチェックできるようにしてあります。樹脂は一般的にすべての項目(熱劣化、クリープ、膨張など)が該当するので、すべての項目をチェックすべきですが、時間がない場合、ABSと書いてある項目のみのチェックで済ませることもできます。

FMEA辞書は、不具合発生のしくみを「ストレス」、「故障メカニズム」、「故障モード」の一連の流れとしてとらえる道具であり、新人でも、わからないことがあれば、すぐに確認できる道具です。以下にFMEA辞書の構成要素である①過去トラ集、②今までに経験したことのない不具合事例集、③設計ノウハウである基盤技術集を、どのようにして集め、使いやすくまとめて作ったかを解説します。

① 過去トラ集

図3.6の「故障事例・留意点」の欄の文字は、実際には色分けがしてあります。(i)がこのような設計をしてはいけないという留意点やノウハウを示し、(ii)は全社の過去トラを表し、(iii)が担当事業部の過去トラを示します。(iii)は筆者が所属していた技術2部の過去トラです。(ii)の全社の

3.3 設計の各種不具合事例集

図 3.6 FMEA 辞書画面 詳細

過去トラは、全社の品質管理部署が A4 1枚にまとめ、各部の部長と品質リーダーに配布されるシステムとなっていました。これを毎月筆者主催の部の品質会議で紹介し、部員全員への見直し依頼をかけ、FMEA辞書に登録します。事業部の過去トラも同様に、品質会議で紹介後、FMEA 辞書に登録します。これらの過去トラも、文章だけでわからなければ、リンクをクリックすると、A4 1枚の詳細説明(図 3.6 ではウィスカの過去トラの事例)が出てきます。関連設計基準も 1 クリックで出てきます。

② 今までに経験したことのない不具合事例

「故障事例・留意点」の欄の(i)がこのような設計をしてはいけないという留意点や、過去トラ以外の今後起こりうるすべての故障メカニズム、故障モードです。これは、材料の専門家グループが作った「材料、加工、処理の留意点集」を使用して作成しました。それを示すのが**図 3.7** です。

これには、金属材料なら金属材料の、すべての故障モードや留意点が書いてありますので、これに FMEA 作成に必要な「危ない材料」、「ストレス」、「メカニズム」欄を追加しました。事例では金属の隙間腐食の事例が載せてあり、「危ない材料」は快削アルミであり、「ストレス」は水分と酸素欠乏、「故障メカニズム」が隙間腐食であり、「故障モード」が穴あきということになります。これを 2000 年ごろに Excel シートで作り、最初は DR に出席するたびに、このチェックシートで筆者が指摘をしていました。その後、全社共通でグループソフトを使うことになったのでソフト化しました。そのとき、電子事業部の設計基準の電子回路関係も追加しました。この後説明する基盤技術は、2003 年頃追加しました。

③ 基盤技術集

図 3.5 の「FMEA 辞書」には、各製品の製品設計の留意点やノウハウ、設計基準である基盤技術集も入っています。品質問題をゼロにするには、

3.3 設計の各種不具合事例集

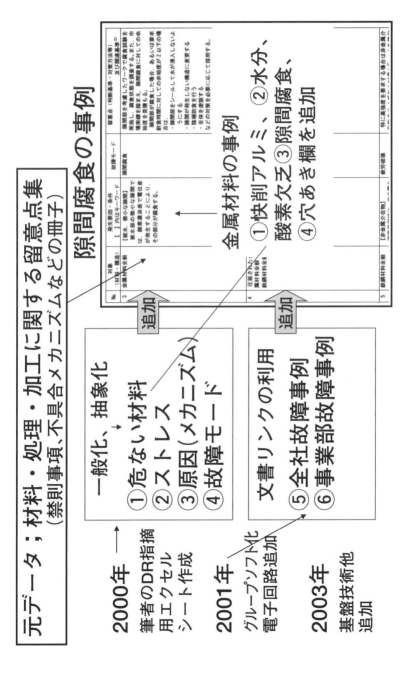

図 3.7 FMEA 辞書の構造と歴史

第3章　過去トラ集の作り方

過去トラ集だけでなく、設計のノウハウ集も必要になります。それの記載状況を示すのが図3.8です。

　基盤技術を記載する際は、まず、チェックリストを載せ、そのあと解説書を載せます。設計者が忙しいときに必要なのは、まずチェックリストです。どうしても長文になってしまう解説書は、時間のあるときに見てもらえばよいでしょう。ここでは、樹脂接合技術（樹脂と樹脂を摩擦熱で溶かして接合する技術、レーザーで溶接する技術）を紹介しています。使用機会が高いものであり、それだけ品質問題も多くなる可能性があります。

　このような設計ノウハウなどの基盤技術をまとめる際に問題となるのが、それらをまとめられる人がいないことです。これを解決する手法を図3.9に示します。

　自分の設計業務をしながら、基盤技術を文書などにまとめることはなかなかできないものです。そこで、部長の提案と指示で、基盤技術をまとめるために、ある期間特定の人を専任化しました。共通技術については、半年から1年の間共通技術のまとめに専念してもらいました。

　図3.9は共通技術と製品固有技術に分けて、その計画と実績をまとめたものです。マスキングで消してある設計基準ナンバーが実績です。

　製品技術については、新製品を開発した者が、量産を開始したら、3カ月間は、他の業務実施を禁止し、3カ月間で開発した製品の設計留意点やノウハウをまとめることをルール化しました。それを示すのが図3.10です。

　3カ月でノウハウをまとめたら、「伝承技術検討会」を実施し、事業部長以下が出席して、新入社員でも理解できる内容となっているか、チェックリストが作ってあるかチェックします。それができると、FMEA辞書に記載し、類似製品を設計したら、その類似製品の「試作品DR」または、「伝承DR」で製品の設計留意点やノウハウが伝承され

50

3.3 設計の各種不具合事例集

図 3.8　基盤技術集

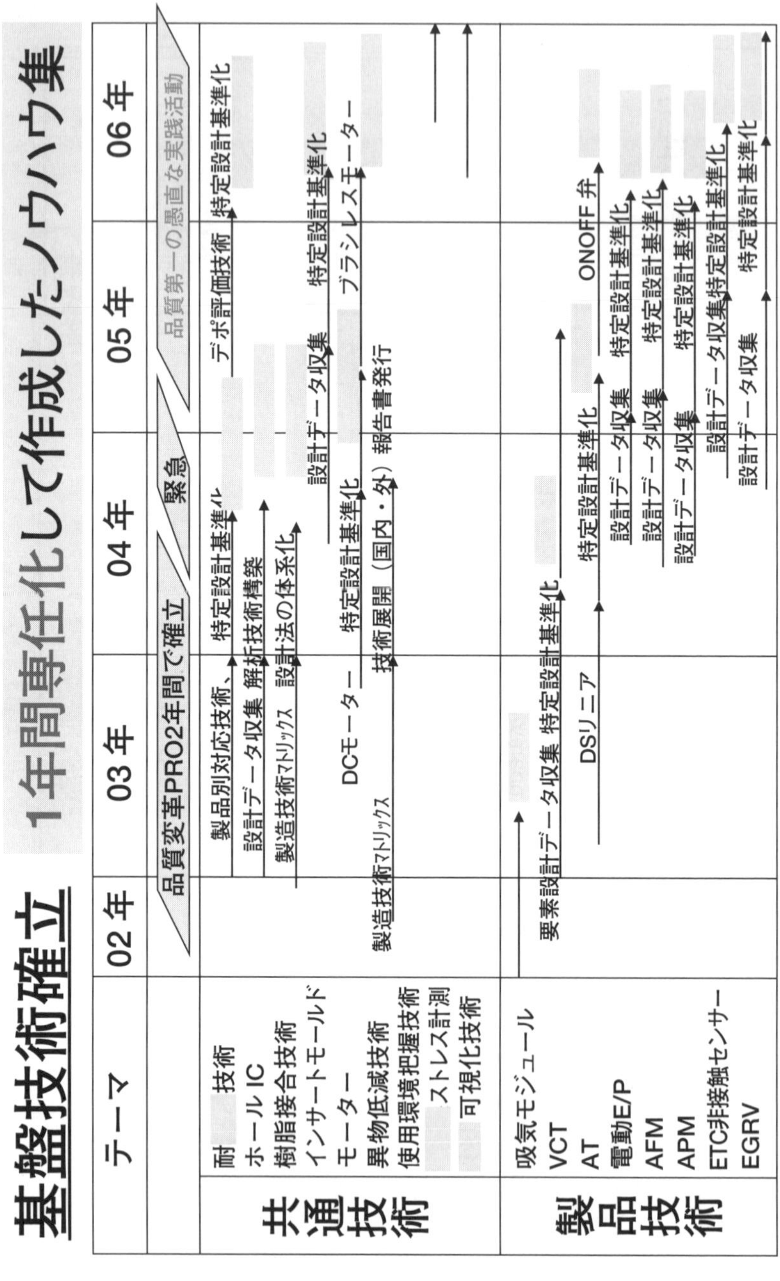

基盤技術確立
1年間専任化して作成したノウハウ集

テーマ	02年	03年	04年	05年	06年
		品質変革PRO2年間で確立	緊急	品質第一の愚直な実践活動	
共通技術 耐□技術		製品別対応技術、	特定設計基準化		
ホールIC		設計データ収集	解析技術構築		
樹脂接合技術		製造技術マトリックス	設計工法の体系化		
インバートモールド			DCモーター 特定設計基準化	設計データ収集 特定設計基準化	ブラシレスモーター
モーター					
異物低減技術		製造技術マトリックス	技術展開（国内・外）報告書発行		
使用環境把握技術				デブ評価技術 特定設計基準化	特定設計基準化
ストレス計測					
可視化技術					
製品技術 吸気モジュール		要素設計データ収集 特定設計基準化			
VCT			特定設計基準化		
AT		DSリニア			
電動E/P				設計データ収集 特定設計基準化	
AFM				設計データ収集 特定設計基準化	
APM				設計データ収集 特定設計基準化	
ETC非接触センサー				ONOFF弁 特定設計基準化	特定設計基準化
EGRV				設計データ収集 特定設計基準化	特定設計基準化

図 3.9　基盤技術確立手法

3.3 設計の各種不具合事例集

反省点	・伝承技術の明確化と後輩への確実な伝達
目的、実施事項	・新規開発製品のノウハウを後輩に伝える ・量産後3カ月間他業務実施禁止、伝承技術をまとめる
伝承DR	実施時期；量産開始3カ月後、伝承技術検討会、実施事例

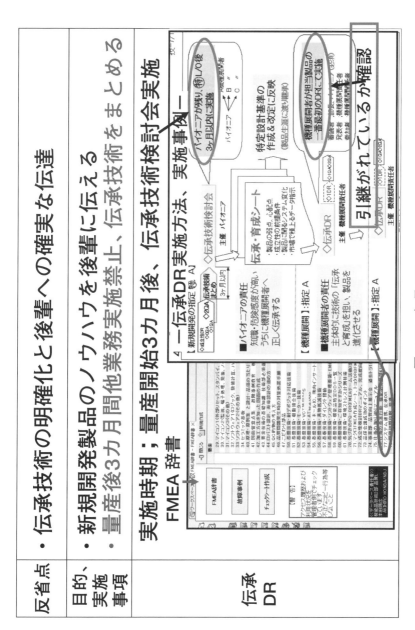

図 3.10 伝承 DR

ているか、確認します。

　また、設計基準は最も重要な設計のよりどころとなるものですが、種々の情報が点在しており、どこに何があるのかよくわからないケースが多く見受けられます。その対策として、すぐに必要な基準を探し出せる「業務ステップと基準一覧」を各項目（金属材料、ゴム、樹脂など）の一番上の段に記載しました。その溶接の事例を**図 3.11** に示します。事例では、「溶接目的」、「溶接材料」、「溶接法」がどこにあるか一目でわかるようになっています。

　「FMEA 辞書」を見れば、設計者が困ったときに即解決するようなものにしたかったので、随所に専門知識の要点などが散りばめてあります。その事例が**図 3.12** です。事例では FMEA 辞書の樹脂のページが示してあり、ポリマーとは何かの教育資料や、樹脂の疲労強度の最新研究データなどが入れてあります。とにかく、設計業務に必要だと思われる資料は、筆者の判断で記載しました。

　このように、長期間設計業務をせずに基盤技術などのまとめに専念してもらう大変な作業は、経営トップの理解のもとに、プロセスをともに実施してもらい、全員参加でやらないと、実現しません。

（2）　製品別故障事例機能

　故障事例機能を**図 3.13** に示します。これは、製品別の過去トラ事例の収納庫です。OCV（Oil Flow Control Valve）などの単語が製品の略称であり、それをクリックすれば、その製品の過去トラ事例集が確認できます。

　分類は FMEA 辞書と同じ分類順に整理してあります。事例では、「OCV」の「17. 電機1」のところをダブルクリックすると、A4 1枚で過去トラ事例詳細が出てきます。事例は電気溶接した銅線が切れるという不具合事例です。

3.3 設計の各種不具合事例集

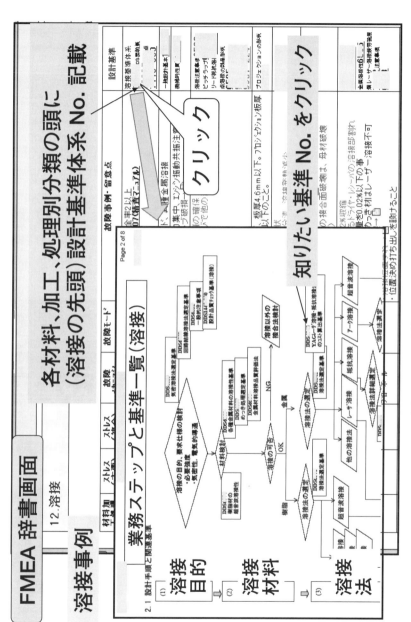

図 3.11 設計基準の検索容易化

第3章 過去トラ集の作り方

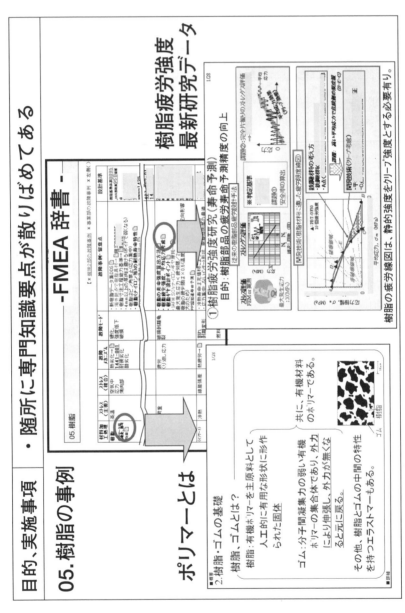

図3.12 FMEA辞書内のその他技術集

3.3 設計の各種不具合事例集

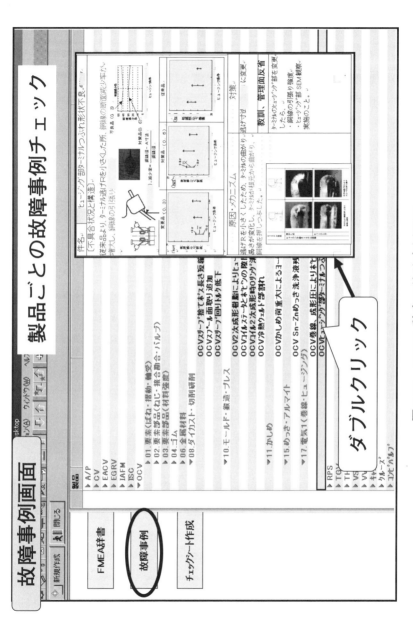

図 3.13 FMEA 辞書の故障事例画面

第3章　過去トラ集の作り方

(3)　チェックシート作成機能

チェックシート作成機能を**図3.14**に示します。「1.選択」で、3つ目の「チェックシート作成」ボタンを押すと「FMEA辞書機能」と同一の分類画面が出てきます。ここで例えば、樹脂部品の設計をしたので、分類の「樹脂」を「2.クリック」すると、Excelシートが添付してあるので、それを開くと、中央部分の画面となります。これも、図3.6のFMEA辞書詳細画面と同一であり、これを「4.自PCに保存」して、「5.樹脂部品の図面チェック」をしてもらう「チェックシート」となっています。

著者のセミナーで「これだけ自動化されると、設計者は考えなくなるのでは？　内容確認せずチェックするのでは？」という質問がよく聞かれます。実際にチェックを実施している設計者に聞くと、すぐに詳細が確認できるし、言葉だけではなく生々しい事例があり、わかりやすくまとめてあるので、そんなことは起こらない、という意見が大半でした。しかし、疲れていると「ぼんやりチェック」で気がつかなかったということもあり、見落とさないために、**図3.15**のように、FMEA辞書やチェックシートになるべく絵を入れるようにしました。人間心理、癖を考慮した不具合事例集を作ることも重要です。

以上、FMEA辞書作成にあたって大変なことは、設計ノウハウなどの伝承技術をまとめることに対して、経営トップの理解を得ることです。過去トラや経験したことのない不具合事例は、会社内のデータをかき集めて、使いやすいように加工し直すだけですので、やる気さえあればできます。

3.3.2　キーワード集

DRの審議者やベテランであっても、すべてを記憶している人はいないし、体調が悪ければ、指摘することを忘れて気づかない場合も少なく

58

3.3 設計の各種不具合事例集

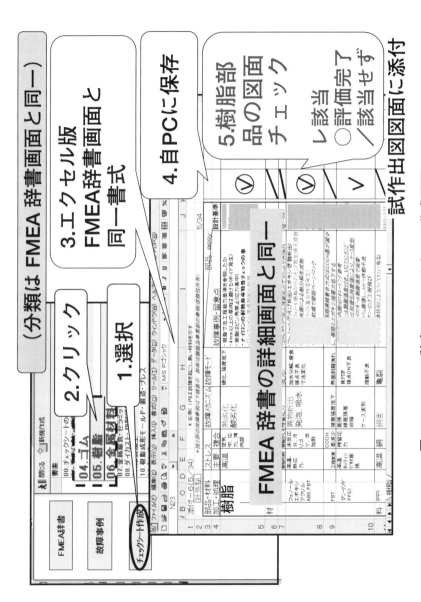

図 3.14 FMEA 辞書のチェックシート作成画面

第3章　過去トラ集の作り方

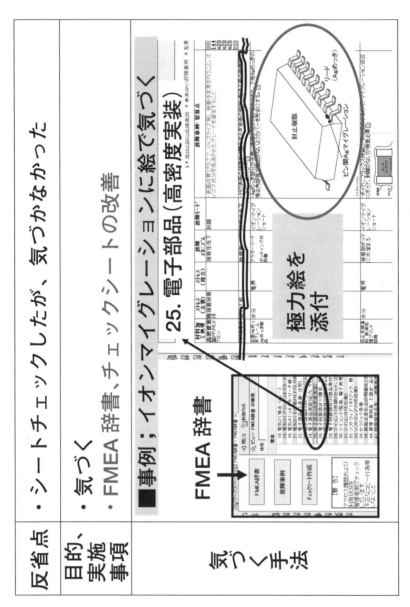

図3.15　ぼんやりチェックの改善

ありません。ましてや、チェックシートを持参して、チェックしてくれる専門家も見たことがありません。そこで、抜け、漏れのない指摘をするための審議者用の道具として、万一忘れたときにも使える「キーワード集」を作成しました。A4 1枚でできていますので、常に持ち歩けます。

キーワード集には、①心配点キーワード集と②ストレスキーワード集の2種類があります。

① 心配点キーワード集

図3.16の上半分に「心配点キーワード集」を示します。A4表裏1枚でできており、図3.6のFMEA辞書詳細画面にある「故障メカニズム」と「故障モード」の文言、例えば「繰り返し応力で破損」や「ウィスカでショート」という文言を抜き出し、羅列してあります。分類はFMEA辞書と同一で、FMEA辞書と同じ順番でキーワードが並べてあります。

② ストレスキーワード集

ストレスキーワード集を図3.16の下半分に示します。これも、A4表裏1枚でできた、ストレス(使用環境条件)の文言集です。例えば、「動的負荷は考えたが、熱応力については忘れた」、「静的負荷について忘れた」などの抜けがないよう、「動的負荷」、「静的負荷」、「冷熱」といった条件で使用環境を分類し、ストレスとなる言葉をFMEA辞書から抽出し、羅列したものです。

3.3.3 マクロFMEA作成シート

これは、設計者がFMEAを作成するときに使う不具合事例集です。Excelのマクロ機能を利用して、気づきのために前述のキーワード集をFMEAの帳票に入れたものです。FMEAは最初、設計者が図面を作ったとき、設計者が自分の能力で考えられる不具合を予測して、心配点(故障モード)とその要因(故障メカニズム)を書きます。その際に、気づ

第3章 過去トラ集の作り方

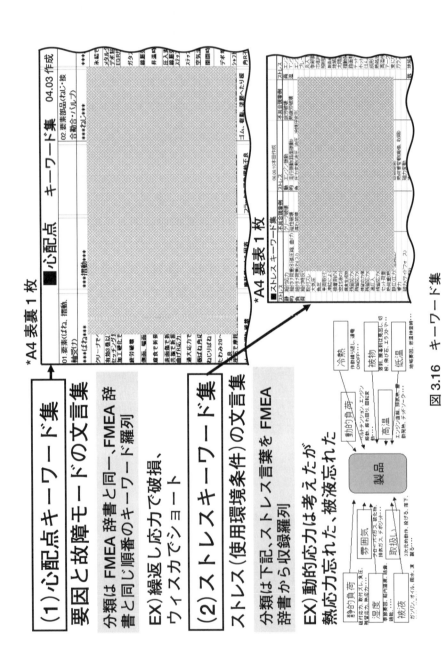

図 3.16 キーワード集

いていない故障モード、故障メカニズムがないか、マクロ機能のキーワード集を見て、追記するためのものです。

「マクロFMEA作成シート」のよい点は、FMEAを作成しながら、参考資料なしで心配点を抜けなく出せるところです。

マクロFMEA作成シートの使い方について以下で説明します。

① 心配点(故障モード)の抽出

図3.17の事例では、スロットルのバタフライバルブを閉じる機能を持つねじりばねの材質を変更したので、設計者は、当初その心配点である振動共振で折損するという故障モードのみを記入し、折損以外の故障モードはないと思っていました。

しかし、図3.17のシートのメニューをクリックして心配点キーワード集を表示します。

まず、**図3.18**の大分類が出てくるので、対象のばねを選択します。そうすると**図3.19**になり、ばねに関して複数のキーワード集が出てきます。今回の製品事例では、こすれでヒスが増大する、ばねのガイドであるブッシングに挟まってバルブが戻らなくなる、ばねが担いで摺動不良を起こす、という故障モードに気づくことができます。これらを選んでOKを押すと、**図3.20**の気づかなかった折損以外の故障モードがシートに書きこまれます。

② 心配点の要因(故障メカニズム)の抽出

続いて、先ほどの折損という故障モードに、共振以外の要因がないかを確認します。**図3.21**の要因のメニューをクリックして、そこで考えられる項目として被液を選択します。

図3.22の一覧から事例への影響が予想される凍結防止剤、高圧洗車水を選んでOKを押すと、**図3.23**の折損に対しては、共振以外で腐食という要因があることに気づきます。

さらに、**図3.24**にマクロFMEA作成シートの特徴を示しますが、一

第3章 過去トラ集の作り方

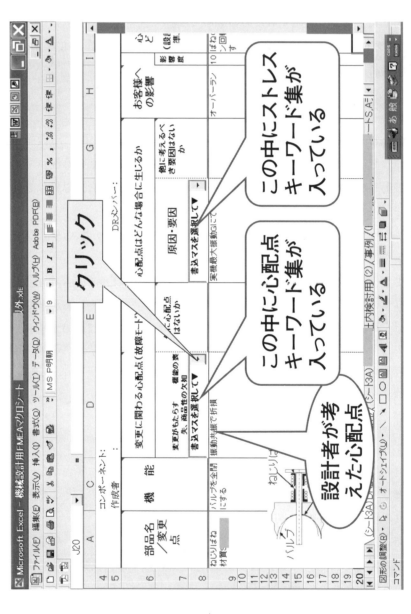

図 3.17 操作手順：心配点の抽出

3.3 設計の各種不具合事例集

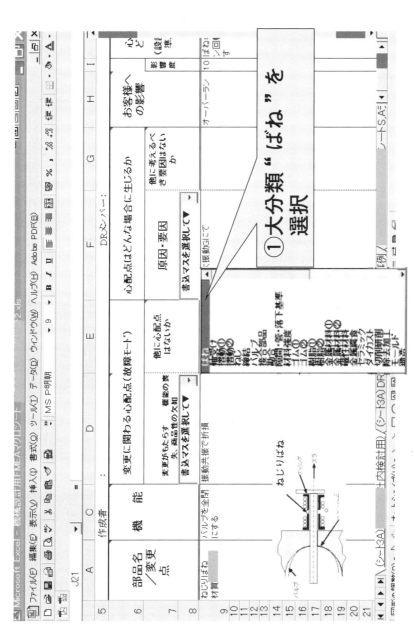

図 3.18 操作手順：大分類の選択

第3章 過去トラ集の作り方

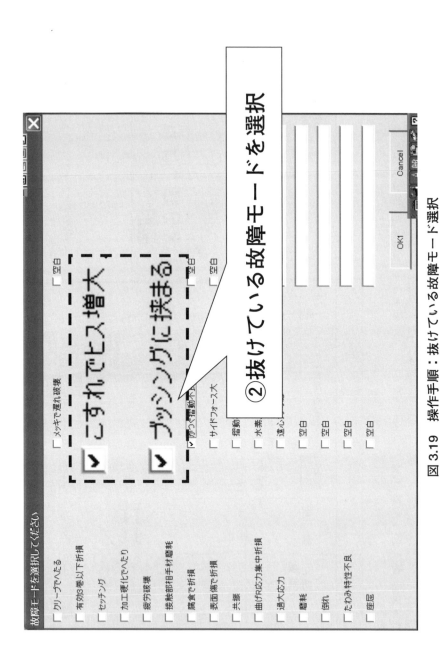

図 3.19 操作手順：抜けている故障モード選択

3.3 設計の各種不具合事例集

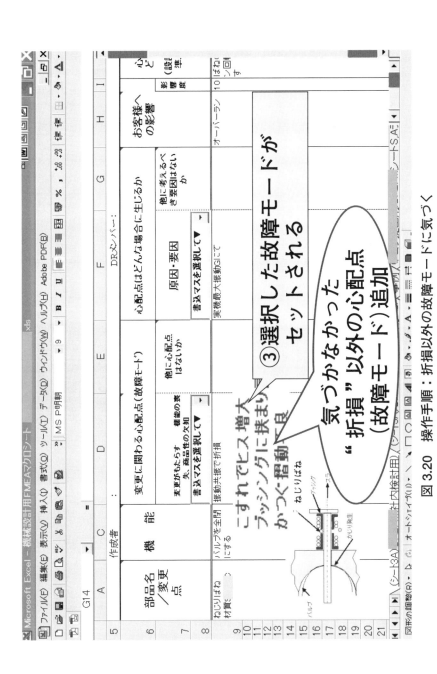

図 3.20 操作手順：折損以外の故障モードに気づく

第3章 過去トラ集の作り方

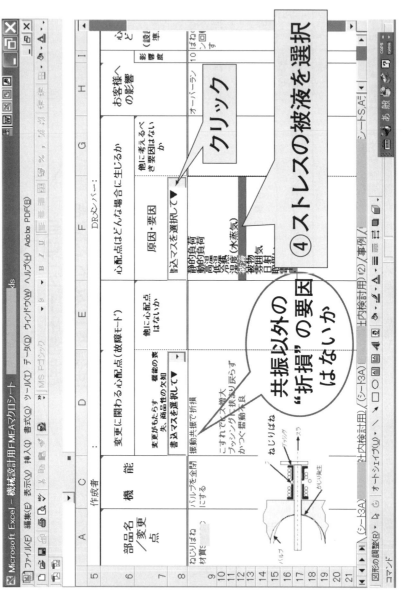

図 3.21 操作手順：心配点の要因抽出

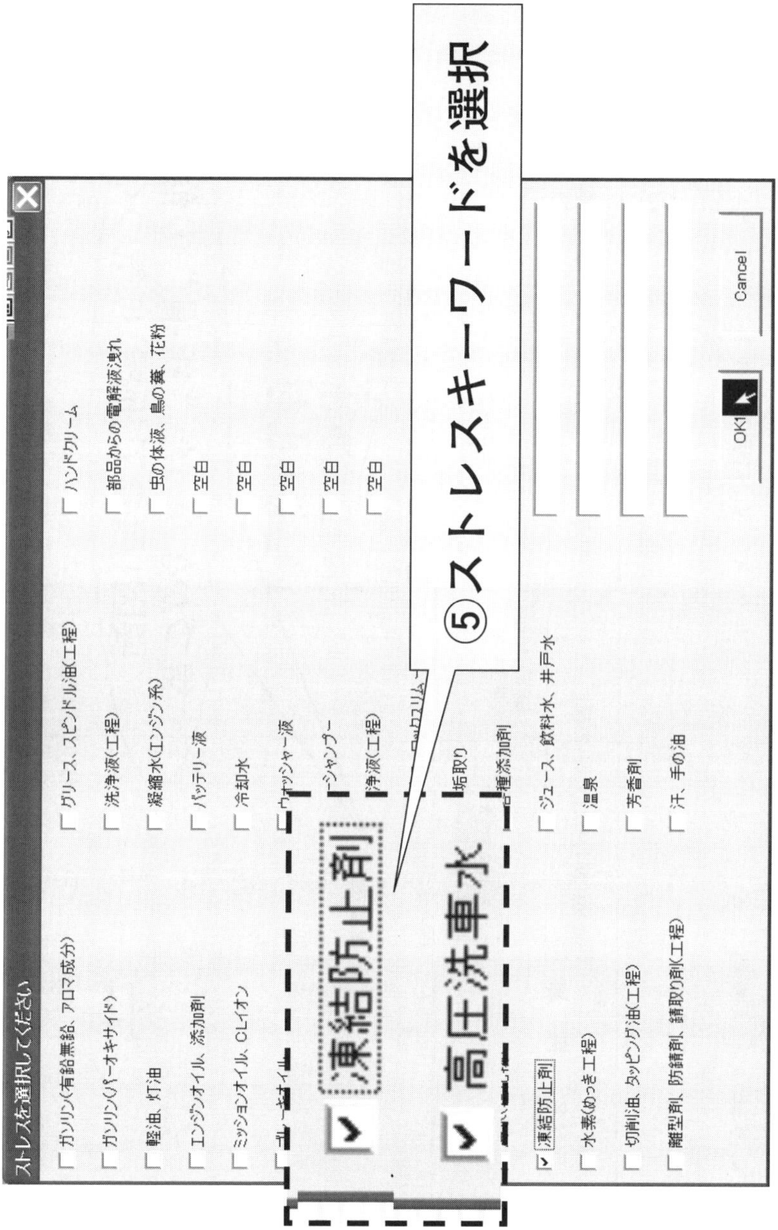

3.3 設計の各種不具合事例集

ストレスを選択してください

- ガソリン(有鉛無鉛、アロマ成分)
- ガソリン(パーオキサイド)
- 軽油、灯油
- エンジンオイル、添加剤
- ミッションオイル、CLイオン
- モーターオイル

- グリース、スピンドル油(工程)
- 洗浄液(工程)
- 凝縮水(エンジン系)
- バッテリー液
- 冷却水
- ウォッシャー液
- シャンプー
- 浄液(工程)

- ハンドクリーム
- 部品からの電解液漏れ
- 虫の体液、鳥の糞、花粉
- 空白
- 空白
- 空白
- 空白

- 凍結防止剤
- 水素(めっき工程)
- 切削油、タッピング油(工程)
- 離型剤、防錆剤、錆取り剤(工程)

- ジュース、飲料水、井戸水
- 温泉
- 芳香剤
- 汗、手の油

- 垢取り
- 各種添加剤

⑤ストレスキーワードを選択

凍結防止剤

高圧洗車水

OK! Cancel

図 3.22 操作手順：抜けていた要因選択

第3章 過去トラ集の作り方

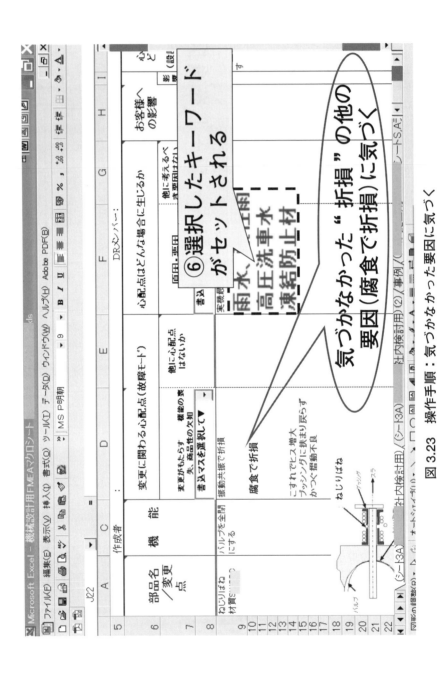

図 3.23 操作手順：気づかなかった要因に気づく

3.3 設計の各種不具合事例集

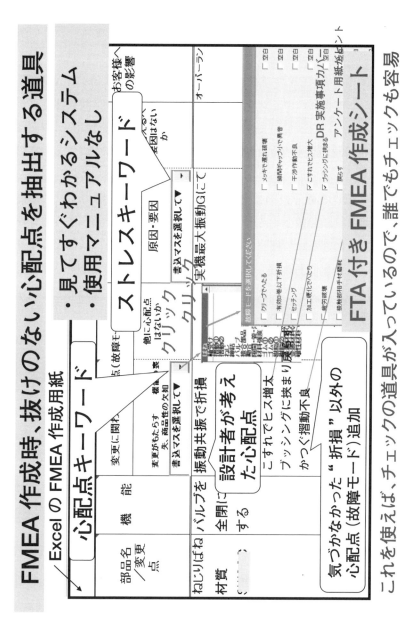

図 3.24 マクロ FMEA 作成シート

言で言えば、FTA つき FMEA 作成シートということができます。極端な話、このシートを完璧に作成できれば、DR などは実施しなくて済みます。

さらに、この FMEA 作成シートは、図 3.25 に示すように FMEA 作成要領がわかるようにポインターをセルにもっていくと、記入注意点が表示されるようになっています(シートのコメント機能を使用)。例えば、シートの「部品名 / 変更点」欄にポインターをもっていくと、「生産場所が変わっても変更点である」などの説明が出てきます。特に注意したいのは「心配点を除くためにどんな設計をしたか」の欄です。この欄に「○○耐久試験で確認する」などと書く人が多いですが、そうではなく、理論的に問題ないことを証明できる根拠を記述しなければなりません。例えば、強度であれば、「安全率 =3」などの根拠となるデータを添付するための欄です。このようなことが記入する際の注意点として表示されるようになっています。

また、キーワード集には、日本語だけでなく英語も併記されているので、日本語を消せば、英語版の FMEA が作成できるようになっています。それを図 3.26 に示します。これは、IATF 16949(欧州、米国の自動車メーカーが要求する事項をまとめた規格)によって、英語版の FMEA を自動車メーカーに提出する必要があるからです。ほとんどが、技術専門用語ですから、一般の辞書には記載されていません。英訳という事務仕事から設計者を開放するために作りました。事業部には、承認図を英訳する技術翻訳のプロが 4 ～ 5 名いましたので、約 1 年かけて、英訳してもらいました。

以上、マクロ FMEA 作成シートは「FMEA 辞書」の中にも入れ、このシートを使うことをルール化しました。

以上、設計用の不具合事例集について解説しましたが、セミナーでよく質問されるのは、「FMEA 辞書作成には何年かかったのか」「一人で

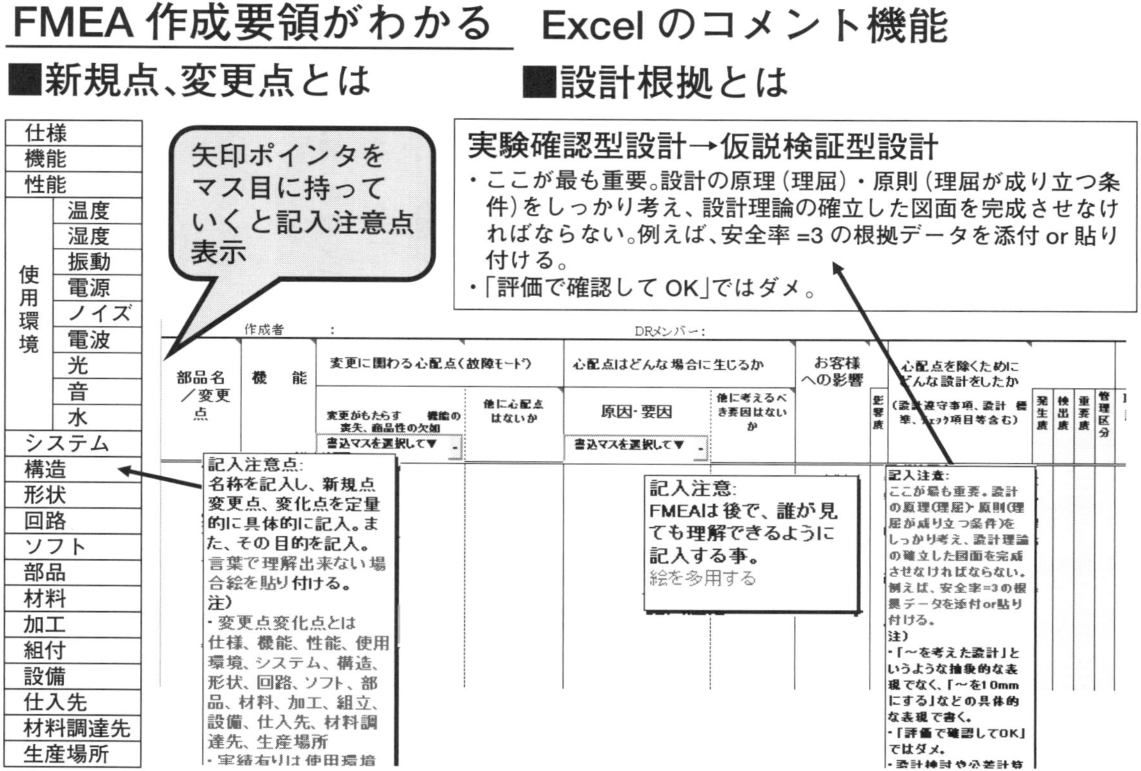

3.3 設計の各種不具合事例集

FMEA作成要領がわかる　Excelのコメント機能

■新規点、変更点とは　　　■設計根拠とは

実験確認型設計→仮説検証型設計
・ここが最も重要。設計の原理(理由)・原則(理屈が成り立つ案件)をしっかり考え、設計理論の確立した図面を完成させなければならない。例えば、安全率＝3の根拠データを添付or貼り付ける。
・「評価で確認してOK」ではダメ。

矢印ボタンをマス目に持っていくと記入注意点表示

DRメンバー：

記入注意：
FMEAは後で、誰が見ても理解できるように記入する事。絵を多用する

記入注意点：
名称を記入し、新規点変更を記入し、変化点を定量的に具体的に記入。また、その目的を記入。言葉で理解出来ない場合は絵を貼り付ける。
注)
・変更点変化点とは
仕様、機能、性能、使用環境、システム、構造、形状、回路、ソフト、部品、材料、加工、組立、設備、仕入先、材料調達先、生産場所

記入注意：
ここが最も重要。設計の原理(理由)・原則(理屈が成り立つ案件)をしっかり考え、設計理論の確立した図面を完成させなければならない。例えば、安全率＝3の根拠データを添付or貼り付ける。
注)
・「～」を考え、表計としていろいろな捕捉的な表を作る。「～」を10mmにするようなどの具体的な要望で、「評価で電話してOK」ではダメ。
・設計根拠やや赤字報告

心配点を除くためにどんな設計をしたか（設計根拠管理者、設計者、責任者の項目を含む）

仕様				
機能				
性能	温度			
	湿度			
	振動			
	電源			
	ノイズ			
	電波			
使用環境	光			
	音			
	水			
システム				
構造				
形状				
回路				
ソフト				
部品				
材料				
加工				
組付				
設備				
仕入先				
材料調達先				
生産場所				

図3.25　FMEA作成時の記入注意点表示

第3章 過去トラ集の作り方

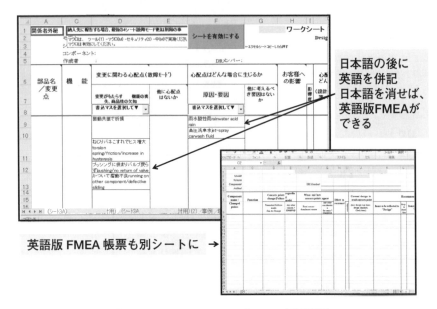

図3.26　マクロFMEAシート（英語版）

FMEA辞書をどうやって作ったのか」「このような道具は、とても一人では作れないのでは」ということです。FMEA辞書は、図3.7に示すように、初めはメカ関係のみのExcelシートでした。完成度としては50点くらいです。その後少しずつ改善して、100点のFMEA辞書にしました。仕事やテーマを与えられると、できない理由を並べて「できない」という人がいます。「できない」理由より、50点でもよいので「できる」方法を考え、知恵を出して作成してきました。

3.4　製造の各種不具合事例集 ▶▶

　第2章の製造他の分類方法で説明した、製品ができるまでの工程別の分類と5M1Eに関わる分類で整理した事例を、「FMEA辞書」風にま

とめたものを**図 3.27**、**図 3.28** に示します。製造版「FMEA 辞書」です。A4 1枚の製造部の過去トラの具体例の詳細を 5M1E による分類で整理保管し、さらに、製品ができるまでの工程別に分類した過去トラ集を作り、具体例詳細を先の 5M1E から、ハイパーリンクで取り出せるようにすれば、種々の探し方ができて、使いやすくなると思います。

例えば、図 3.27 では、「工程別分類」ボタンを選択すると、その右の大分類が材料、部品製作、組付けと中分類の画面になります。その画面で、例えば部品製作の樹脂成型の所をクリックすると、右上の樹脂の成型条件の項目の画面が出てきて、過去トラ事例として、A 製品のウェルド割れのリンクをクリックすると、詳細を見ることができる、というものです。また、組付けのねじ締めをクリックすると、右下の画面が出てきて、過去トラ詳細を見ることができます。

図 3.28 は、5M1E 分類の画面で、ボタンを選択すると大分類が Man、Machine、Material…の画面になり、例えば、中分類の順序間違いをクリックすると、ヒューマンエラーの順序間違い事例が出ます。よいポカ除け案なども載せておくと、対策案のよい手引きとなります。

両者とも筆者が考えた分類案ですが、必要なときに、必要な過去トラが探せる不具合事例集になると思います。

3.5　本章のまとめ ▶▶

本章では、筆者が開発した設計の不具合事例集（含む過去トラ）である 3 つの道具、「FMEA 辞書」、「キーワード集」、「マクロ FMEA 作成シート」について、構成を詳細に説明してきました。「FMEA 辞書」は、経験者や専門家のノウハウやすべての不具合などを網羅した知的財産を、「見える化」した不具合事例集と言うことができると考えています。これら道具の種々の使い方を**表 3.1** に示します。

第3章 過去トラ集の作り方

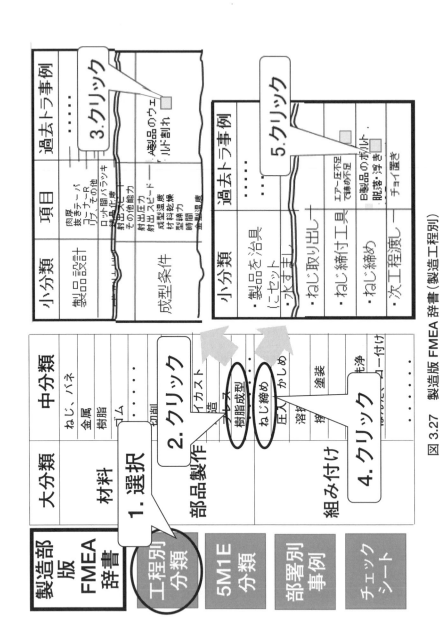

図 3.27 製造版 FMEA 辞書（製造工程別）

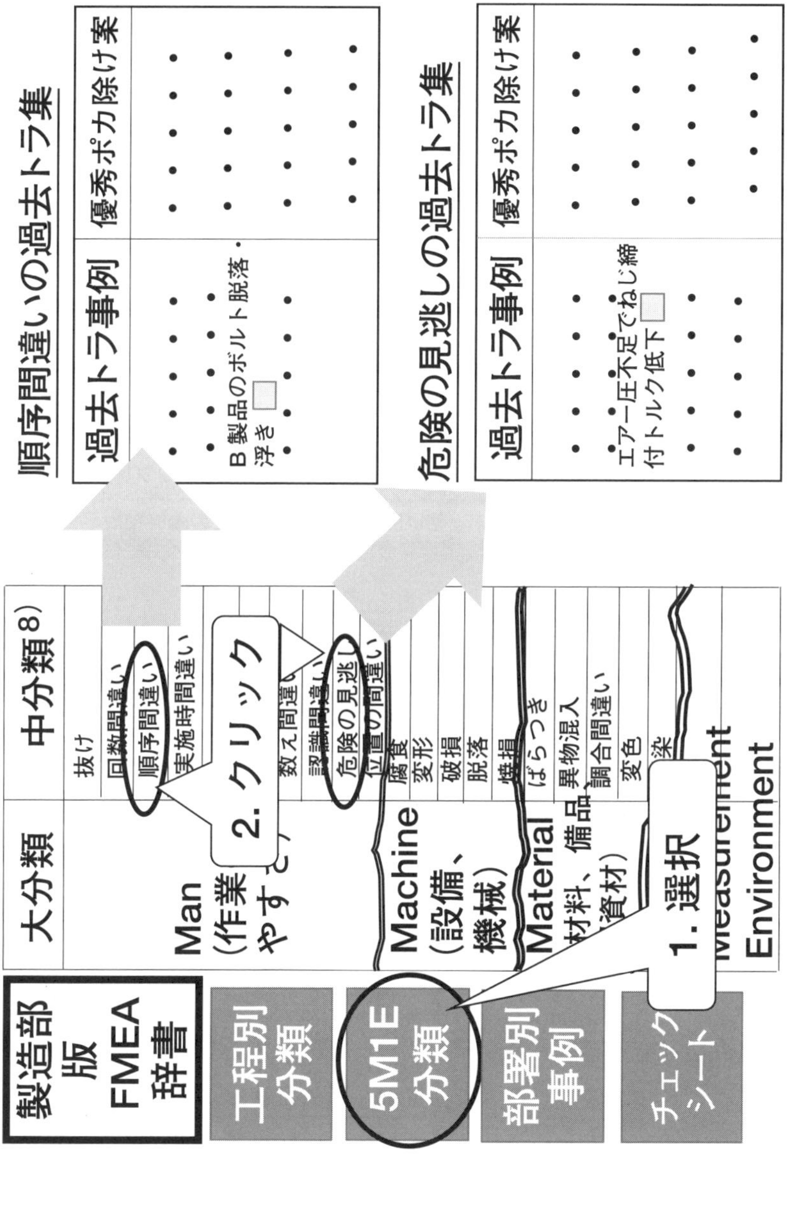

順序間違いの過去トラ集

過去トラ事例	優秀ポカ除け案
・B 製品のボルト脱落・浮き	・・・

危険の見逃しの過去トラ集

過去トラ事例	優秀ポカ除け案
・エアー圧不足でねじ締付トルク低下	・・・

製造部版 FMEA 辞書

- 工程別分類
- 5M1E 分類
- 部署別事例
- チェックシート

大分類	中分類8)
Man（作業やすさ…）	抜け／回数間違い／順序間違い／実施時間違い／数え間違い／認識間違い／危険の見逃し／仕置の間違い
Machine（設備、機械）	腐食／変形／破損／脱落／摩損
Material（材料、備品、資材）	ばらつき／異物混入／調合間違い／変色
Measurement	
Environment	

1. 選択

2. クリック

図 3.28 製造版 FMEA 辞書（5M1E 別）

第3章 過去トラ集の作り方

表3.1　人の能力、DRなどの場面に合わせた道具

使い方 ＼ 道具		FMEA辞書	マクロFMEA作成シート	気づきのキーワード集
設計者 図面作成 FMEA 作成	初心者	図面、FMEA心配点の抜けチェック	キーワードでは、理解できない場合あり	←
	ベテラン	───	→	キーワードでチェックした方が早い
審議者 チーム活動、 DR		スクリーンにFMEA辞書を映してチェック	マクロFMEAで抜けがないかその場でチェック	審議者持参指摘
その他の使い方		・勉強会	・上司チェック	・設計変更時デメリットチェック

道具作成方針　1. 使用者側の立場で、使い勝手。まず要点、その後詳細説明資料。
　　　　　　　2. 業務を実施する時、それに必要な物が一緒に出てくる（例マクロシート）

　道具は使いやすいものであればあるほど、普及させることが容易です。設計者はベテランばかりではありません。当然、初心者もいます。初心者は、あまり知識や経験がないため、「キーワード集」ではよくわからず、「FMEA辞書」を使ってチェックしたほうが作業しやすいと言います。「FMEA辞書」は、まず要点あるいはチェックリストがあり、その後に詳細説明資料があるので勉強会にも使いやすいのです。「マクロFMEA作成シート」は、上司がFMEAをチェックするときにチェックの道具が出てくるので使いやすく、「キーワード集」は持ち運びが容易なため、設計変更時のデメリットチェックにも使えます。

　さて、ここまで読破した方は、この3つの道具は、基本的に同じものであることに気づかれたでしょうか。道具は使用者側の立場に立って開発し、使い勝手をよくすることが大切であり、いろいろな種類のチェ

ックの道具を作る必要があります。使う人の能力、場面(FMEA 作成時、DR チーム活動時など)によって使い分けられます。また、業務を実施する時、準備の労力を減らすために、それに必要なものが一緒に出てくる(マクロ FMEA 作成シート)と使いやすくなります。

これらの道具は、筆者の会社でよいシステムであることが認められ、全社展開し、全社の技術者は全員使えるようにしました。

帳票類や管理ソフトなど、作っても長続きしないという困りごとを、セミナーの受講者からよく聞きます。継続して使ってもらえる帳票類を作るコツは、書くにあたっての不明点は必ずその帳票に説明コメントを入れることです。ほとんどの設計者は忙しいため、わからないと自分流に書いてしまいます。さらに、よい事例を一緒に入れておくと、業務効率化に役立ちます。人は自分で考えて書けと言われると、なかなか書けませんが、よい事例を真似て書くとすぐにできます。

FMEA 改善の理想の姿は、すべての専門家に図面を渡して、一つひとつチェックしてもらって、見えていない問題をすべて見つけてもらうことだと思います。例えば、樹脂製品なら、樹脂の専門家に過去のトラブル事例などについて、専門知識を生かして漏れなくチェックをしてもらう、金属を冷鍛して作る製品は、鍛造の専門家にチェックしてもらう、というやり方です。

この活動を、誰でもいつでもどこでも容易にできるようにすればよいのです。それが、筆者が作った「FMEA 辞書」という名前をつけたチェックリストです。故障モードではなく、故障の原因(故障メカニズム)のチェックリストです。

品質問題は**図 3.29** に示すように、ストレス➡故障の原因(故障メカニズム)➡故障モードの一連の流れで起こります。

理解しやすい事例として、人間の場合、雨に濡れ体温低下というストレスを受け、風邪という故障の原因で、発熱や咳をする故障モードにな

第3章　過去トラ集の作り方

ストレス		故障の原因		故障モード
ストレスを受けて生ずる	⇒	故障メカニズムにより	⇒	製品が故障する

図 3.29　品質問題の一連の流れ

表 3.2　品質問題の流れの例

	ストレス	故障の原因 (故障メカニズム)	故障モード (製品によって変わる)
人間の場合	雨に濡れ体温低下	風邪(病名)をひく	症状：(発熱、咳 etc) 精密検査結果：(血液 etc)
樹脂製品の場合	高温になる	熱劣化で亀裂、破損	樹脂容器：液漏れ 樹脂絶縁材：ショート 樹脂歯車：作動停止

り、藪医者はすぐ風邪だと判断。しかし、実は症状は同じだが、別の病気だということがよくあります。故障の原因である同じ症状(故障モード)の種々病名のチェックリストを作り、すべての病名を一つひとつチェックして、風邪ではなく、コロナだと判断したら、すぐに薬を処方すれば、入院を未然防止できます(表 3.2)。

　これと同様に、樹脂製品の場合、高温により樹脂が熱劣化して破損し、樹脂製の容器であれば、液漏れというのが故障モードになります。樹脂が絶縁材として電子回路に使われていれば、ショートという故障モード、樹脂製の歯車の場合は作動停止という故障モードになります。ですから、故障モードはごまんとありますので、故障モードのチェックリストは作れません。しかし、故障の原因なら、熱劣化、加水分解、クリープなど、数の多い樹脂の場合でも約 50 ～ 60 個ぐらいしかありませんので、この故障の原因のチェックリストを作ればよいのです。

第4章 ▶▶

過去トラ集の使い方

　本章では、第3章で作り方を解説した各種不具合事例集を、設計 FMEA、製造工程 FMEA、DR(FMEA チーム活動)で、どう使い、品質問題を未然防止したか説明します。

第4章　過去トラ集の使い方

　第3章で作り方を解説した「FMEA辞書」、「キーワード集」、「マクロFMEA作成シート」は、FMEA・DRを実施するときに使う不具合事例集(含む過去トラ集)です。具体的には、FMEA・DRを進めていくとき、以下の3つの場面でそれぞれのシートを記入していくときに参照するものです。

① 試作図面のチェック

② FMEA作成時のチェック

③ DR(FMEAチーム活動)時のチェック

　本章では、これらを各場面でどのように使っていたかを説明します。参考にして、自社で応用してください。また、製造工程のFMEAでの各種不具合事例集の使い方についても解説します。

　解説に入る前に、第1章で説明した設計業務の手順について、簡単に説明します。開発製品の要素試験などを実施し、課題の解決証明や設計計算ができると、それを具現化するため、試作図面を作ります。品質については、その後、設計者はFMEAを作成し課題の評価漏れがないか確認します。その後、会社の総智総力を反映するため、DR(FMEAチーム活動)を実施し、設計者の知識、能力を補填します。当然、評価漏れの指摘を受けますので、再度評価し直し、試作図面を作り直します。品質以外の製品性能、コストや納期については、第6章で説明するESDR、1次DRなどで、会社の総智総力を反映し、指摘事項を試作図面に反映します。その後、試作品を作り、実機実車条件で耐久試験などを実施し、問題ないか確認して、量産用図面を作成します。以上が設計手順です。

　この手順の中で、まず試作図面を作り、そのときに不具合事例集でチェックして品質問題が起きないようにします。このとき、経験者や専門家のノウハウや、すべての不具合を網羅した不具合事例集で、まじめに一つひとつ確認してくれれば、極端な話ですが、この後のFMEA作

成・FMEA チーム活動は必要ありません。しかし、通常すべての不具合を網羅した不具合事例集を作るのは困難ですし、たとえ作れてもすべて完璧にチェックする時間がないのが普通であり、ヒューマンエラーによる見落としなどがありますので、筆者が中心となって、FMEA 作成、FMEA チーム活動のときに、二重三重に再度不具合事例集でチェックする方式に変えました。試作図面チェックが 1 回目、FMEA 作成時が 2 回目、FMEA チーム活動時が 3 回目になります。

　一般の会社では、ほとんど過去トラ集（自部署で過去起こした過去トラ集）しかありませんので、試作図面をチェックして終わりです。過去起こしたことのない不具合、製品設計ノウハウについては、FMEA 作成、FMEA チーム活動のときに、経験者や専門家のノウハウによる指摘に頼るしかありません。

4.1　試作図面のチェック事例 ▶▶

　試作図面を作ったら、まず対応する製品別過去トラチェックシートでチェックします。これは、どのメーカーでも実施されているでしょう。**図 4.1** に、前章で説明した「FMEA 辞書」に入れてある製品別過去トラチェックシートの収納場所を示します。これだけでは、過去起こしたトラブルのチェックだけ行ったことにしかならないので、その後、前章の「FMEA 辞書」の「チェックシート作成」に示したように、分野別のチェックシートでチェックします。そのチェックの事例を**図 4.2** に示します。

　この事例は、AT（オートトランスミッション）の制御弁の部品である、「プランジャ」という部品図面のチェック事例です。プランジャは、丸棒の真ん中に穴が開いた部品で、「冷間鍛造」で作り、「熱処理（磁気焼鈍）」して、「外形研磨」して表面処理の「めっき」した後、また「熱処

第4章 過去トラ集の使い方

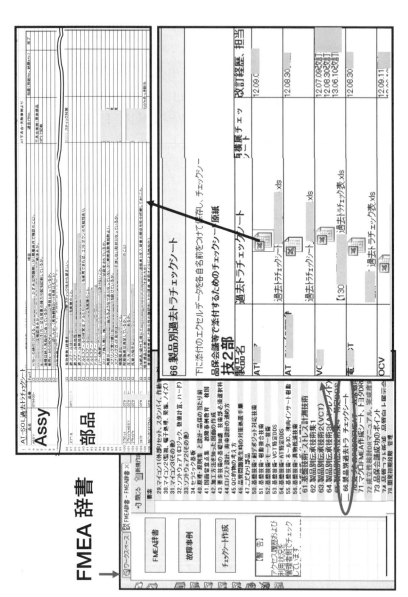

図 4.1 製品別過去トラチェックシート

4.1 試作図面のチェック事例

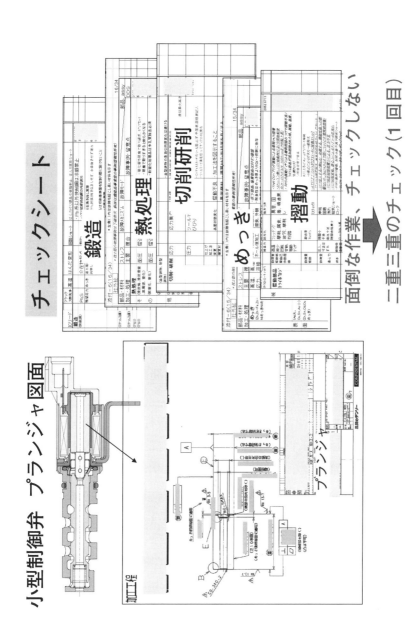

図 4.2 試作画面チェック事例

理」して、外径を再度「研磨」するという工程で製造しています。したがって、「鍛造」、「熱処理」、「切削・研削」、「めっき」、のチェックシートでチェックします。またプランジャは摺動する部品ですので、「摺動」のチェックシートもチェックします。このように、プランジャの試作図面1枚に対して、5枚のチェックシートでチェックすることになります。このチェックシートを試作図面に添付しないと、試作出図できないようにルール化すると、設計者が忙しいときには守れなくなる恐れがあります。守れないルールは悪いルールであり、守れるルールに変える必要があります。そこでルール化はせず、前述の二重、三重にチェックする方式に変えました。これが1回目のチェックになります。

4.2　FMEA 作成手順とチェック事例 ▶▶▶

　試作図面を作った後に、設計者は FMEA を作成します。FMEA は、過去トラ以外の考えられる故障モードをすべて書き出し、手を打っておく活動です。ここで、従来の FMEA の2つの問題点について説明します。

　1つ目の問題点は、FMEA は構成部品別に解析していくため、「部品間の心配点を抽出するには適さない」、ということです。**図4.3** に従来の FMEA の問題点を示します。部品間の意味は、図に、事例としてモーターの電流が流れていく順番が書いてあり、「ターミナル」「リード線」、「モーターのブラシ」の順に電流が流れますが、これらの部品をつなぐ工程、例えば「かしめ」、「圧入」のことです。

　2つ目の問題点は、FMEA は第三者が見ても理解できるように書く必要がありますが、従来の FMEA は文字ばかりで書いてあり、第三者が見ても、何が書いてあるのかよくわからないものが多く、書いた本人も、2〜3年後に見ると何を書いたかわからないというケースが起こり

従来の FMEA の問題点

問題1
部品間故障 80％：見逃し

構成部品名しか書かないので部品間の心配点を抽出できない。

問題2
第三者にわかりづらい

文字の羅列が多く、事象間の因果関係がわかりづらい

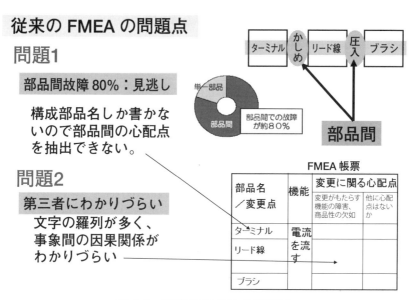

図 4.3　従来の FMEA の問題点

うることです。これらの問題を解決するため、筆者の所属していた会社で考え出されたのが、「機能展開 FMEA」です。全社の品質を扱う品質管理部事務局と筆者、他事業部の代表者 8 名の委員で作り上げました。

そこで、まず「機能展開 FMEA」の説明をします。その後、FMEA 作成とチェックの具体事例を説明します。

4.2.1　機能展開 FMEA

全社の品質を扱う品質管理部が調べたところ、社内不具合の 80％ が部品間の故障であり、構成部品自体の故障は少ないということがわかりました。ですから、図 4.3 の右下の FMEA の帳票に部品名だけを書くと、部品間が出てこないことになります。

そこで、表 4.1 に示すように、この部品間の心配点を漏れなく抽出するために、エネルギーや信号の流れに着目しました。「機能展開

第 4 章　過去トラ集の使い方

表 4.1　改善の考え方

問題1　解決方法

■より完成度の高い FMEA を実現するために、

エネルギーや信号の流れに着目して
解析する「機能展開 FMEA」を考案。

■機能展開 FMEA は、その流れを追跡することで、
構成部品や構成部品間に必要な機能、故障モード、
故障の製品への影響などを検討。
漏れのない抽出が可能。

FMEA」は、その流れを追跡することで、構成部品だけでなく構成部品間に必要な機能、故障モード、故障の製品への影響などを検討し、抜けのない抽出が可能となる手法です。

　図 4.4 に、モーターの事例を示します。モーターに関するエネルギーは「電気→電磁力→回転トルク」と変化します。例えば、電気の流れを構成部品単位で追跡すると、「ターミナル→リード線→ブラシ→コンミ」と流れていくことが容易にわかります。これらの部品をつなぐ「かしめ」、「圧入」、「摺動」が部品間です。

　これが、従来の FMEA では書かれていないことが多かったため、部品間を「部品×部品」と表現して、電気の流れ順に FMEA シートの「部品名／変更点」欄に記入することにしました。

　電気を流して回転トルクを発生する基本機能以外に、電気を適切に流すためには、漏電、ショートなどのエネルギー流出や流入を防ぐ必要があり、例えばターミナルを保持しているコネクタには、絶縁（ショート

88

4.2 FMEA作成手順とチェック事例

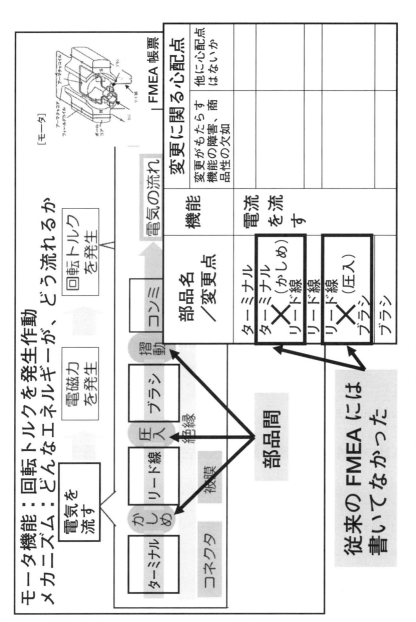

図4.4 エネルギーの流れ：モーターの事例

第4章　過去トラ集の使い方

表 4.2　機能展開 FMEA の特徴

問題1	1. 構成部品間の故障モードを見逃さず抽出できる
	2. 関連する部品が明確となるため、部品設計変更時の周りの部品との相互関係を含めた解析ができる
	3. エネルギーの流れを時系列的に追跡するため、作動タイミングなどの相対的な時間が問題となる心配点の抽出にも応用できる
問題2	4. エネルギーの流れ順なので、第三者にわかりやすくなり、深い議論が可能となる。
	5. FMEA自体がノウハウ集となり、技術の蓄積・伝承に活用できる

の防止）や防水（漏電防止）の自己防衛機能も必要となります。機能展開FMEA は、これらのすべての機能を同時に解析可能とする手法です。

　以上、機能展開 FMEA の特徴をまとめたのが表 4.2 です。機能展開 FMEA にすることにより、2 つ目の問題、「第三者にわかりにくい」という問題の解決策にもなっています。

4.2.2　FMEA 作成手順と不具合事例集によるチェック

　FMEA の作成手順を説明し、不具合事例集（含む過去トラ集）でどうチェックしているか説明します。まずは、FMEA 作成のポイントのみ説明し、その後、サーボモーターの具体事例で詳しく説明します。

（1）　事前準備資料

　まず、FMEA を作成するために以下に示す 4 つの観点から必要なものを考え、準備します。すべての新規点、変更点、変化点を事前に明確

にし、その部分を重点的に解析することが目的です。

要求仕様：製品機能検討時に使用

新規点、変更点：変更に関わる心配点（故障モード）検討時に使用。製品、部品新規点シートを使用（次節の DR 実施方法で詳細説明）

使用環境：心配点はどんな場合に生じるか（故障メカニズム）検討時に使用。使用環境変化点シートを使用（次節の DR 実施方法で詳細説明）

対応する不具合事例集：「マクロ FMEA 作成シート」（**図 4.5** に示す）、「FMEA 辞書」、「キーワード集」を使用します。

(2) 機能分析

次に、製品、構成部品の機能を明確にするため、機能分析を実施します。FMEA 作成製品については、機能分析を行って、各部品／部品間の機能を明確にしたうえで、故障モード、故障原因、影響解析に入ります。部品が、その機能を果たさなくなる故障モードを考えていくからです。また、設計変更の場合においても、必ず機能分析に立ち返り、関連する部品／部品間を明確にすることが重要です。

(a) 製品機能の列挙

表 4.3 に示す 5 つの着眼点で機能について検討します。機能ごとに、エネルギーの流れ順に検討していきます。例えば、車の場合は走る機能だけでなく、空調機能など種々の機能があります。

(b) 各部品、Assy、SubAssy の機能の明確化

このとき、エネルギーごとに（電流、電磁力、流体圧力、流体の流れ、力、光など）機能をまとめると考えやすくなりますので、推奨しています。この例を**図 4.6** に示します。図の左下に示す油圧制御弁の場合、まず、この製品の基本機能である「AT への油圧圧力制御」の機能展開表を作成します。

事例は、AT（オートトランスミッション）の油圧制御弁の機能分析で

第4章 過去トラ集の使い方

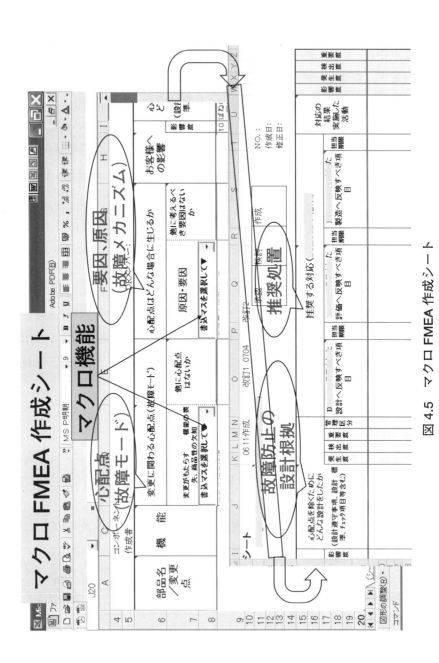

図4.5 マクロFMEA作成シート

4.2 FMEA作成手順とチェック事例

表 4.3　製品機能の着眼点

機能の着眼	内　容	車の場合	モータの場合
基本機能	対象製品の目的を果たすための本来の働きを表す機能	走る 曲がる 止まる	回転トルクを発生
付加機能	対象製品の商品力の向上、または法規制などの各種条件から要求される付加すべき機能	空調 排ガス対応	
本体機能	対象製品の相手側への取付け、携帯および保管に関する機能	衝突時の乗員保護 各機器の搭載	車両に取り付く 本体の防水
弊害防止機能	対象製品を使用したことによる使用者への弊害（振動、音、臭いなど）を防止する機能	振動低減	騒音防止
自己防御機能	対象製品を使用している過程で対象製品から発生する弊害や対象製品を製造・組付ける過程で受ける弊害から守るための機能	エンジンを冷やす	過熱を防ぐ （自己冷却）

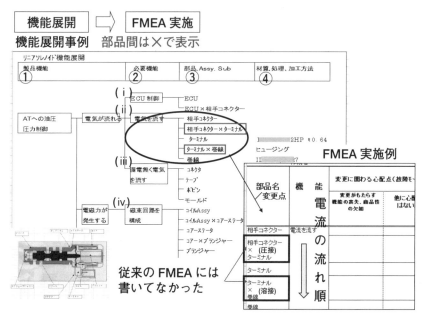

図 4.6　機能展開（基本機能）の事例

第4章　過去トラ集の使い方

す。油圧制御弁とは、図 4.6 の左下の絵で示すもので、電磁石でスプール弁(片側はスプリングで押されている)と言われる弁を左右に動かして、油の流通路を制御する弁です。圧力制御するために、電気が流れ、電磁力を発生させ、力が伝わり、弁を動かします。図 4.6 は、そのうちの電気の流れと電磁力の流れが書いてある事例で、基本機能(①製品機能)を細かく分解した機能(②必要機能)とその機能に関連する部品名(③部品、Assy、SubAssy)が書いてあります。このようにして、③部品、Assy、SubAssy の機能を明確にします。例えば電気の流れを説明すると、まず、ECU(Electric Control Unit)のコンピューターから指令電流が発せられ、ECU × ECU の相手コネクター(溶接)から、相手コネクタに流れ、相手コネクタ×本製品のターミナル(制御弁のコネクター)は圧接で、この部分に流れ、ターミナルに流れて、ターミナル×巻線(溶接)部分に流れ、最後に巻線に流れます。ですから、これらの部品と部品間は、(ⅱ)「電気を流す」という機能があります。

　以上、機能展開表の書き方をまとめると、以下となります。

　①　製品機能

　5つの基本機能、付加機能、本体機能などを順番に並べます。次に、製品機能を実現するエネルギー(電流、電磁力、流体圧力、流体の流れ、力、光など)を時系列的に並べるとよいです。

　②　必要機能

　構成部品の必要機能を記述します。また、(ⅲ)漏電防止のような保護機能も記述します。この機能を FMEA 帳票の機能欄に書きます。

　③　部品、Assy、SubAssy

　エネルギーの流れる順番に関連する部品、部品間(×印)を抽出します。構成部品、構成部品間(接していないが、関係する部品も)を列挙します。末端部品まで取り上げ、SUBAssy で止めないようにします。組付参考図も対象部品です。

④　材質、処理、加工方法

その後、部品の変更点、材質、表面処理、熱処理、加工方法を併記します。部品間は接触、かしめ、溶接などの工程を FMEA 帳票の「部品名 / 変更点」欄に書いておくと、チーム活動がしやすくなります。グリースや、ヒューミシールなどの塗布材料も忘れないようにしてください。

ここまでが、FMEA 作成の事前準備となります。

(3)　「部品名 / 変更点」欄の記入

ここから、図 4.5 の FMEA の帳票を取り出し、以下の手順で FMEA を書き始めます。

①　部品名の記入

図 4.7 に示すように、FMEA 帳票の「部品名 / 変更点」欄に、電気の流れる順番に、部品名、部品間(×印)を書いていきます。その後に、漏電を防止する「コネクタ」、「テープ」、「ボビン」…の順に書き、その後に、電磁力エネルギーの流れの順に磁気回路を構成する「コイル Assy」、「コイル Assy ×コアステータ」、「コアステータ」…と書いていきます。

②　変更点、諸元、条件、材質、処理、加工方法を記入

また、変更点の設計諸元、根拠、使用環境、作用荷重、重要寸法、材質、処理、加工方法などの諸元も記入します(図 4.7 のマスキング部分)。イメージが湧くように具体的に記入してください。絵を入れるとわかりやすくなります。

(4)　「機能」欄の記入

①　機能

図 4.7 に示す FMEA 帳票の「機能」欄に、先の (2) 機能分析で実施し

第4章 過去トラ集の使い方

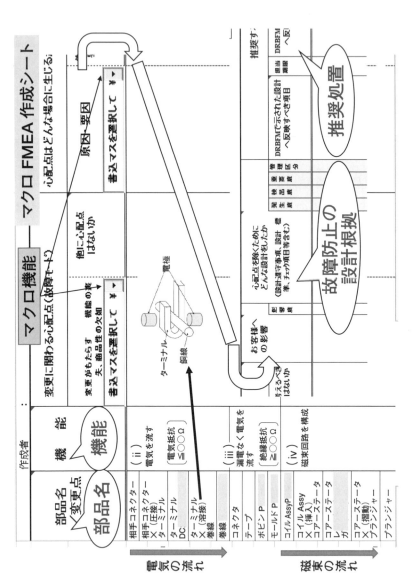

図 4.7 部品名と機能の記入

た各部品の機能を記入します。図 4.6 の事例の AT の、（ⅰ）（ⅱ）（ⅲ）…
の必要機能を記入します。目的としている機能はすべて挙げます。

② 要求特性の記入

各部品、部品間の要求特性は定量的に挙げます。要求特性とは、例え
ばターミナルは電気を流しますので、抵抗が大きいと、電気が流れませ
ん。ですから、図 4.7 には、ターミナルの要求特性は「抵抗値○○Ω以
下」という特性が書いてあります。

(5) 「変更に関わる心配点（故障モード）」欄の記入

ここで、不具合事例集を使ってチェックします。まず、設計者が考え
た故障モードを記入します。その後、ベテラン設計者の場合、図 4.7 に
示す「マクロ FMEA 作成シート」の「マクロ機能」を使って関係する
分野を選び、書き込み場所をクリックして該当すると思われる故障に
チェックを入れると、全社、事業部過去トラと留意点が反映できます。
経験の浅い設計者の場合は、マクロのキーワードではよくわからないの
で、「FMEA 辞書」を見ながら追記します。

FMEA 辞書のような道具のないメーカーの場合には、一般的な故障
モード用語を並べて、一つひとつチェックしていくとよいです。例えば、
破壊、変形、緩み、剥がれ、固着、干渉、詰まり、腐食、劣化、オープ
ン、ショート、異物といった用語です。

ここで、不具合事例集がいかに役立つか、図 4.7 の事例で説明します。
図 4.7 の「ターミナル×巻線（溶接）」は、ターミナルと絶縁被膜された
銅線を電気溶接で結合する工程です。その機能は「電気を流す」ですの
で、電気を流さなくなる故障モードは、あまり具体的ではないですが、
溶接不良で結合不足になり、抵抗値異常になるとか、銅線を潰しすぎて、
断線するくらいしか思いつきません。

しかし、不具合事例集で見ると、電気溶接で気をつける項目は 30 項

目以上あります。これは、たまたま筆者が作ったもので、設計基準の
さまざまな場所に散在している巻線溶接工程の注意点を1つにまとめ、
チェックリストにし、すぐに全社設計基準に入れてもらいました。例え
ば、銅線は、ターミナル曲がり部に寄せないと、電流がターミナル側に
流れて溶接されなくなる、銅線の潰し率は○○％にすること、などと
いった注意点であり、図面に記載すべき項目です。

　これら30項目以上の注意点を思い出して書け、DRで審議者が指摘
すべきだ、と言われても、無理な話です。不具合事例集があってこそで
きる品質問題未然防止活動です。

　FMEA作成時のポイントは以下です。

　①　部品間の故障モードも記載する。

　品質管理部調査によると、市場不具合の80%は部品間の故障である
ため、対象とする部品のみでなく、部品と接触する部分の心配点も挙げ
てください。

　②　故障モードはすべて記載する。

　思いついた故障モードは、設計者の判断で取捨選択せずに、すべて記
載します。設計者は大丈夫と思っても、実はそうでなかったことが多く
あるからです。

　③　心配点はお客様の視点で思い浮かべる。

　システムや部品が使われるさまざまな環境について、お客様の視点か
ら心配点を思い浮かべて記入します。

　④　機能の障害、商品性の欠如を記入する。

　心配される異音、見栄え不良など機能の障害、商品性の欠如について
も記入します。

　⑤　絵を挿入してわかりやすくする。

(6) 「心配点はどんな場合に生じるか(要因・原因)」の記入

　ここでも、不具合事例集を使ってチェックします。故障はストレスがかからないと起きません。まず設計者が考えて記入し、その後、「マクロ FMEA 作成シート」を使って他にかかるストレスがないかチェックします。

　ここでも、不具合事例集がいかに役立つか事例で説明します。図 4.7 の「ターミナル×巻線(溶接)」の故障モードである銅線の「断線」は、溶接した後、樹脂でモールド(樹脂で覆い被せる)していますので、樹脂と銅線という考え方だけでは、銅線が冷熱サイクルで樹脂から応力を受けて切れることくらいしか思いつきません。しかし、不具合事例集を見ると、エンジンの振動共振で揺れて切れる、腐食して切れる、樹脂でモールドするときの成型圧で切れる、などのストレスがかかる要因があることに気づきます。

　心配点を考える際のポイントは以下です。

　①　抽象的な言葉は書かないように。具体的に書く。

　「…不足」と言った抽象的な言葉はだめです。具体的な文章で書くようにしてください。例えば、成形不良、材質不良と書かれても、成形不良が起きないように具体的にどうやって証明すればよいかわからないからです。

　②　要因を具体的に深く掘り下げる。

　1 次要因から"なぜなぜ"を 5 回繰り返して深堀された最終要因を記入します。FTA で要因をすべて出してもよいです。FTA(Fault Tree Analysis)とは、FMEA と逆で、例えば飛行機が墜落したら、墜落の原因は何が考えられるか抽出するための道具です。

　このように、不具合事例集(含む過去トラ)を FMEA に反映する「マクロ FMEA 作成シート」を使用することはルール化しました。図 4.2 の試作図面を作ったら、「FMEA 辞書」の「チェックシート」で図面を

99

チェックするのが1回目のチェックです。忙しくてやれなければ、今回のマクロでチェックするのが、二重三重チェックの2回目になります。

(7) 影響度、発生度などの記入

(a) お客様への影響、影響度

ここでのポイントは、最終ユーザーへの影響を記入することです。不具合によってお客様にどんな影響が出るかであり、車両搭載製品がどうなるかではありません。車両の場合、点数基準はほぼどの製品も同じで、10点満点でも、5点満点でもよいです。火災やオーバーランなど、人災につながる故障は10点、異音がするなどの軽微なものは、3点といった低い点数とします。車両の場合の影響度判定基準の例がJIS規格に記載されているので、**表4.4**に示します。

(b) 発生度、検出度

製品により、種々の評価点基準がありますので、製品に合った基準を選定します。例として、車両の場合の事例がJIS規格に記載されているので、**表4.5**、**表4.6**に示します。

(c) 重要度

重要度＝影響度×発生度×検出度で計算します。

(d) 管理区分

重要度○○点以上は重点管理するなど、判定基準は製品により異なります。重要度の評価により、重要管理項目を明確にし、製造へ伝達を行うようにします。また、処置後の効果も重要度で確認してください。

以上が設計者単独で実施した内容であり、これをもとにDR（FMEAチーム活動）を実施します。

(8) 「心配点を取り除くためにどんな設計をしたか」欄の記入

心配点を取り除くためにされた設計根拠、現状の設計配慮、余裕度、

4.2 FMEA 作成手順とチェック事例

表 4.4 影響度判定基準例

厳しさ	基準	順位
なし	目に見える影響はない。	1
非常に軽微	は(嵌)め合い、仕上げ、きし(軋)み音又は"がたがた"という音を立てるアイテムが基準に適合しない。目の肥えた顧客が気付く欠点(25% 以下)。	2
軽微	は(嵌)め合い、仕上げ、きしみ音又は"がたがた"という音を立てるアイテムが基準に適合しない。顧客の 50% が気付く欠点。	3
非常に低い	は(嵌)め合い、仕上げ、きしみ音又は"がたがた"という音を立てるアイテムが基準に適合しない。大半の顧客が気付く欠点(75% 以上)。	4
低い	車両又はアイテムは動作可能だが、快適又は便利アイテムは動作するが性能が低下した状態。顧客はやや不満。	5
中程度	車両又はアイテムは動作可能だが、快適又は便利アイテムは動作しない。顧客は不満。	6
高い	車両又はアイテムは動作可能だが、性能が低下した状態。顧客は極めて不満。	7
非常に高い	車両又はアイテムが動作不能(主要な機能の喪失)。	8
警告を要する程度に危険	潜在的故障モードが安全な車両の運用に影響する。及び／又は警告はあるが法令の不履行を含むほど、厳しさの順位が極めて高い。	9
警告なしでは危険	潜在的故障モードが安全な車両の運用に影響する。及び／又は警告なしに法令の不履行を含むほど、厳しさの順位が極めて高い。	10
注記　出典：SAE J1739		

出典）JIS C 5750-4-3　表 4

表 4.5 発生度判定基準例

故障モードの発生	格付け	故障頻度	故障確率
まれ(稀)：故障はまず起こらない	1	車両又はアイテム 1000 件当たり 0.010 以下	1×10^{-5} 以下
低い：比較的故障が少ない	2	車両又はアイテム 1000 件当たり 0.1	1×10^{-4}
	3	車両又はアイテム 1000 件当たり 0.5	5×10^{-4}
中程度：時々故障する	4	車両又はアイテム 1000 件当たり 1	1×10^{-3}
	5	車両又はアイテム 1000 件当たり 2	2×10^{-3}
	6	車両又はアイテム 1000 件当たり 5	5×10^{-3}
高い：繰り返し故障する	7	車両又はアイテム 1000 件当たり 10	1×10^{-2}
	8	車両又はアイテム 1000 件当たり 20	2×10^{-2}
非常に高い：故障が不可避	9	車両又はアイテム 1000 件当たり 50	5×10^{-2}
	10	車両又はアイテム 1000 件当たり 100 以上	1×10^{-1} 以上
注記　出典：AIAG(Automotive Industry Action Group)：潜在的故障モード・影響解析、FMEA、第 3 版。			

出典）JIS C 5750-4-3　表 5

試験結果を具体的に記入します。ここでのポイントは以下です。

① 図面に落とし込める形で定量的に記入する。

② 設計根拠(計算結果など)と、どう確からしさを確認したか記入す

101

第4章　過去トラ集の使い方

表4.6　検出度判定基準例

故障モードの検出	評価基準(設計管理による検出の可能性)	順位
ほとんど確実	設計活動内で、潜在的原因及びメカニズム並びにその結果もたらされる故障モードを、ほとんど確実に検出できる。	1
非常に高い	設計活動内で、潜在的原因及びメカニズム並びにその結果もたらされる故障モードを検出する可能性が極めて高い。	2
高い	設計活動内で、潜在的原因及びメカニズム並びにその結果もたらされる故障モードを検出する可能性が高い。	3
中程度の高さ	設計活動内で、潜在的原因及びメカニズム並びにその結果もたらされる故障モードを検出する可能性は中程度より高い。	4
中程度	設計活動内で、潜在的原因及びメカニズム並びにその結果もたらされる故障モードを検出する可能性は中程度である。	5
低い	設計活動内で、潜在的原因及びメカニズム並びにその結果もたらされる故障モードを検出する可能性は低い。	6
非常に低い	設計活動内で、潜在的原因及びメカニズム並びにその結果もたらされる故障モードを検出する可能性は極めて低い。	7
まれ(稀)	設計活動内で、潜在的原因及びメカニズム並びにその結果もたらされる故障モードを検出することはまれ(稀)である。	8
非常にまれ(稀)	設計精動内で、潜在的原因及びメカニズム並びにその結果もたらされる故障モードを検出することは極めてまれ(稀)である。	9
全く不確か	設計活動内で、潜在的原因及びメカニズム並びにその結果もたらされる故障モードを検出することはない及び／又はあり得ない、又は設計活動での管理が存在しない。	10
注記　出典：AIAG：潜在的故障モード・影響解析、FMEA、第3版。		

出典) JIS C 5750-4-3　表6

　る。

　このとき、「○○耐久試験で確認した」、「○○品で実績あり」といった表現は不可です。ばらつきも考えた上下限評価の耐久試験なら信用できますが、4～5台程度の抜取耐久試験では、たまたまよかったというように、不具合を見逃すケースが多いからです。また「実績あり」は、製品が変わらなくても、使用環境は年々変わり、まったく同じと言えないので信用できません。

　③　理論的証明の図やグラフなどの絵を必ず挿入する。

(9) 「推奨する対応」欄の記入

　DR(FMEA チーム活動)で出た指摘をどこに記入するかの説明です。FMEA チーム活動でも、不具合事例集を使ってチェックしていきます。DR(FMEA チーム活動)で総智総力を出し、不足している項目、指摘が

出たらそれを他の要因、推奨する対応などの欄に記入します。

① 「他に心配点、要因はないか」欄の記入。

DR で指摘された心配点、要因の追加はそれぞれの「他に心配点、要因はないか」の欄に記入します。

② 「推奨する対応」欄の記入。

設計根拠の修正意見や、評価方法を変えたほうがよいなど、作るときの注意点などは「推奨する対応」欄に記入します。重要度を下げるための、設計・評価・製造に対する具体的な処置方法、期限を記入します。処置・対応については設計・評価・製造の3点で検討してください。原則は設計で対応します。製造で処置・対応する項目については、工程FMEA に反映するようにしてください。

③ 期限と担当者の記入

いつまでに、誰が実施するかも記入します。

（10） 指摘の処置結果の記入

指摘に対する処置が完了したら、「対応の結果実施した活動」欄に記入し、処置をした結果、重点管理不要の項目が出てくるため、再度点数を付け直します。

4.2.3 サーボモーター事例による FMEA 作成手順とチェック

ここまで解説してきた FMEA の作成手順を、サーボモーターの事例で具体的に説明します。

まずサーボモーターとは何かを説明します（図4.8）。図は、筆者の趣味でもあるラジコン飛行機ですが、送信機の操縦かん（スティック）を動かすと、電波で飛行機に積まれた受信機にその動きが伝わり、サーボモーターでレバー、金属棒を介して、エンジンのスロットルを動かし、回転を上げたり下げたりし、水平尾翼を動かして、飛行機を上昇させた

第4章　過去トラ集の使い方

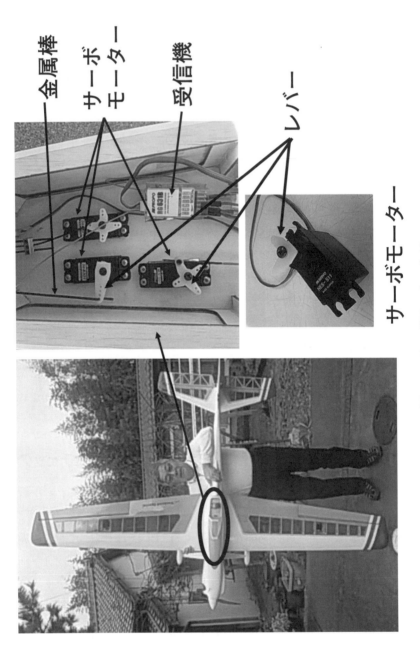

図4.8　サーボモーターとは

104

り、下降させたりできます。

簡単な部品の方がわかりやすいので、軽量化、コストダウンの目的で、サーボのレバーを金属から樹脂に設計変更した事例でFMEAの作成手順を説明し、不具合事例集でどうチェックするか説明します。

（1）　事前準備資料

サーボおよびレバーの諸元と条件を図 4.9 に示します。これらの要求仕様、使用環境などを明確にし、どこを変えたのかも明確にします。

サーボのレバーをアルミから ABS 樹脂に設計変更するにあたって、意図して変えた点はレバーの材質で、意図せずに変わってしまった点は、レバーはめ込み部、金属棒との接触部の接触条件です。注意点として、忘れないように取り上げてください。それを表 4.7 に示します。

（2）　機能分析

機能分析をするには、サーボモーターのしくみを知ってもらう必要がありますので、図 4.10 を使って説明します。サーボには、モーター、ギヤ、電子回路、センサーなどが入っています。例えば送信機のスティックをエンジンの高回転側に倒すと、レバーが A 側に動き、金属棒でエンジンのスロットルレバーを高回転側に倒します。レバーの動き量は、回転角度センサーで位置検出し、行き過ぎると、電子回路でモーターを逆転させ、指令位置に戻そうとします。レバーに力が加わって、位置がズレると、元に戻そうとします。これをフィードバック回路と言います。

サーボモーターの製品機能を表 4.8 に示します。基本機能は、応答よく送信機の動作を正確に制御対象に伝えることと、力を制御対象に伝えることです。自己防御機能としては、エンジンの振動で動かなくなると困るので、振動で壊れない機能などが必要です。

第4章 過去トラ集の使い方

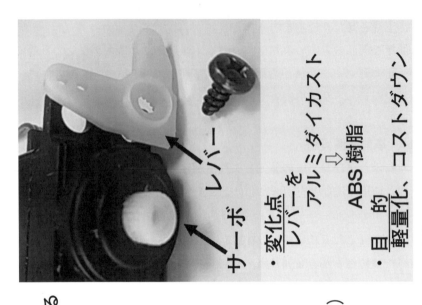

1. 基本機能：
   - 応答よく送信機の動作を正確に伝える
   - 力を制御対象に伝達する
2. 機能条件：
   - 応答性 0.3sec/60° 以上
   - トルク 5kgcm 以上（電圧 4.8V）
   - 重量 40g 以下
3. 使用条件：
   - 使用温度 -10℃～80℃
   - 耐振性 5G 以下に耐える
   - 使用回数 20万回以上
4. 制約条件：
   - 重量 30g 以下
   - 体格 32×16×31.5mm
   - コスト 2500円以下（レバー5円以下）
   - ある程度防水性を持たせる。
   - 電波障害で誤作動しない
   - 部品の交換ができる

・変化点
　レバーを
　アルミダイカスト ⇩ 樹脂
　ABS 樹脂
・目的
　軽量化、コストダウン

図 4.9　サーボモーターの諸元・条件

4.2 FMEA作成手順とチェック事例

表 4.7　事前準備

4.2.1 事前準備

(1) 要求仕様
- 納入先の要求仕様
- 部品・部品間の特性を明確に
- 法規制

(2) 使用環境
- 対象製品の使用環境から使用方法をあらゆる角度から検討
- ストレスレベルの確認

(3) 新規点・変更点
- 設計類似品の場合検討すべき対象を明確にする
- 変化点シート等を活用して対象となる製品の新規点・変化点を明確にする

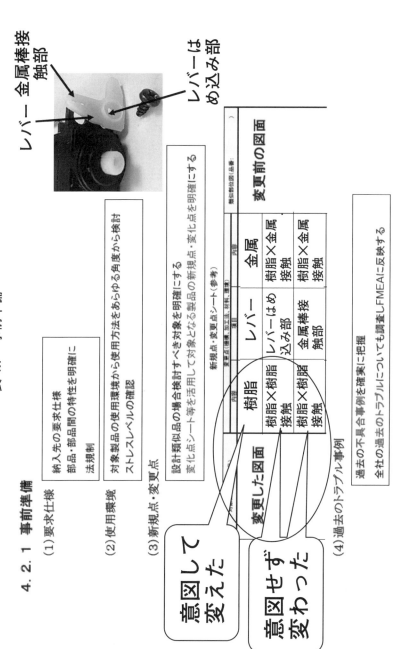

レバー 金属棒接触部

レバーはめ込み部

新規点・変更点シート（参考）

変更品（構造、加工法、材料、寸法等）		
項目	レバー	金属
内容	レバーはめ込み部	金属棒接触部
変更した図面 内容 樹脂	樹脂×樹脂 接触	樹脂×金属 接触
樹脂	樹脂×樹脂 接触	樹脂×金属 接触
変更前の図面 内容 金属		

意図して変えた

意図せず変わった

(4) 過去のトラブル事例
- 過去の不具合事例を確実に把握
- 全社の過去のトラブルについても調査しFMEAに反映する

第4章 過去トラ集の使い方

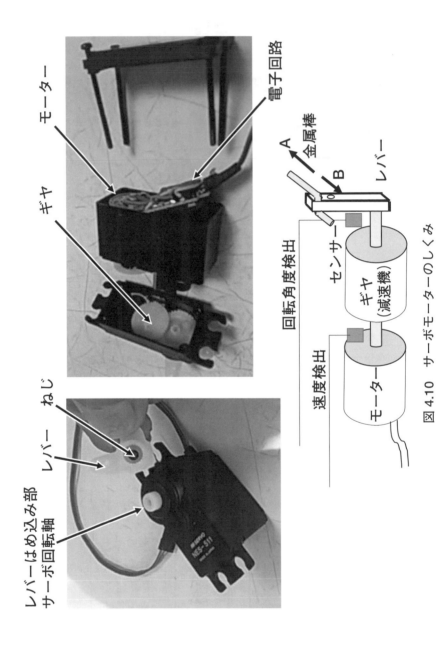

図 4.10 サーボモーターのしくみ

108

4.2 FMEA 作成手順とチェック事例

表 4.8　サーボモーターの機能

機能の着眼	内容	クリップ
基本機能	製品本来の機能	・応答良く送信機の動作を正確に伝える ・力を制御対象に伝達する
付加機能	保守などの補足機能	・部品の交換ができる
本体機能	取り付け保管機能	・機体に簡単に取り付けられる
弊害防止機能	他へ害を与えない機能	・モーターブラシ火花で、受信機に電波障害を与えない
自己防御機能	保護機能	・エンジン振動で誤作動しない ・ガソリンエンジンスパークプラグの電波障害で誤作動しない ・多少の防水性がある

　サーボモーターの各部品の機能を明らかにするために、機能展開した結果を、**図 4.11** に示します。

　① 製品機能

　サーボモーターのエネルギーの流れは、まず電気が流れ、電磁力が発生して、力のエネルギーが伝わっていきます。図では、サーボモーター全体の機能展開が実施してあります。なお、紙面の都合上電磁力の詳細は書いてありません。

　② 必要機能

　受信機が送信機のスティックの操作量を受け取ると、電子回路に操作量の電気を流します。電子回路は速度、位置センサーの信号を受けて、正しい位置まで、レバーが動くように、モーターに電気を流します。

　③ 部品、Assy、SubAssy

　今回の事例は力を伝達するレバーのみですので、電気、電磁力の部品詳細は省略してあります。力であるトルクの伝達経路が「部品、Assy 欄」に記入してあります。まず、電磁力でモーターのアマチュアと永久磁石が反発しあって、回転トルクを発生します。アマチュアはモーター

109

第4章 過去トラ集の使い方

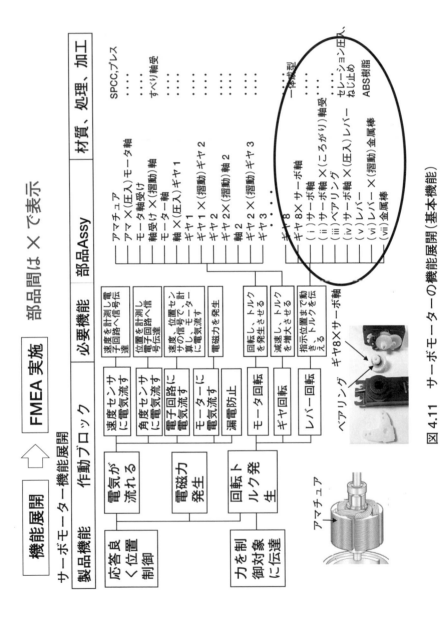

図4.11 サーボモーターの機能展開(基本機能)

軸に圧入して取り付けてありますので、トルクは「アマ×(圧入)モーター軸」に伝わります。その後、「モーター軸」に伝わり、ギヤ1はモーター軸に圧入してありますので、「軸×(圧入)ギヤ1」に伝わります。ここで忘れてはいけないのが、力の伝達とは関係ないですが、モーター軸は軸受けで保持され、力が加わりますので、「モーター軸受け」、「軸受け×(摺動)軸」が、「モーター軸」の前に書いてあります。このように、力が伝わる部品、部品間をすべて順番に書いていきます。

　今回、設計変更したレバーの力の伝達経路を、図4.11の○印部分に示します。最初に、「ギヤ8」からサーボの軸に力が伝わると、次に「サーボ軸×(軽圧入)レバー」に伝わり、「レバー」に伝わります。その前に、ベアリングにも、力が伝わりますので、「サーボ軸×(ころがり)軸受」、「ベアリング」が記入してあります。「レバー」に伝わった力は「レバー×(摺動)金属棒」、「金属棒」に伝わります。

　設計変更ですので、レバー近辺の(ⅰ)サーボ軸〜(ⅶ)金属棒までの部分のFMEAを作成します。

　④　材質、処理、加工方法

　各部品、部品間の諸元、条件などを記入します。機能分析ができたら、次にFMEAの作成に入ります。

(3) 「部品名／変更点」欄の記入

　図4.12に示すように、サーボのレバーの場合の書き方のよい事例と悪い事例で説明します。

　①　部品名の記入

　部品名はエネルギーの流れの順に書きますから、力のエネルギーは、まず(ⅰ)サーボ軸から順に(ⅶ)金属棒まで力の伝わる順に書きます。

　②　変更点、諸元、条件、材質、処理、加工方法も記入

　絵が入っているほうがよい事例で、設計諸元や使用環境などが明記し

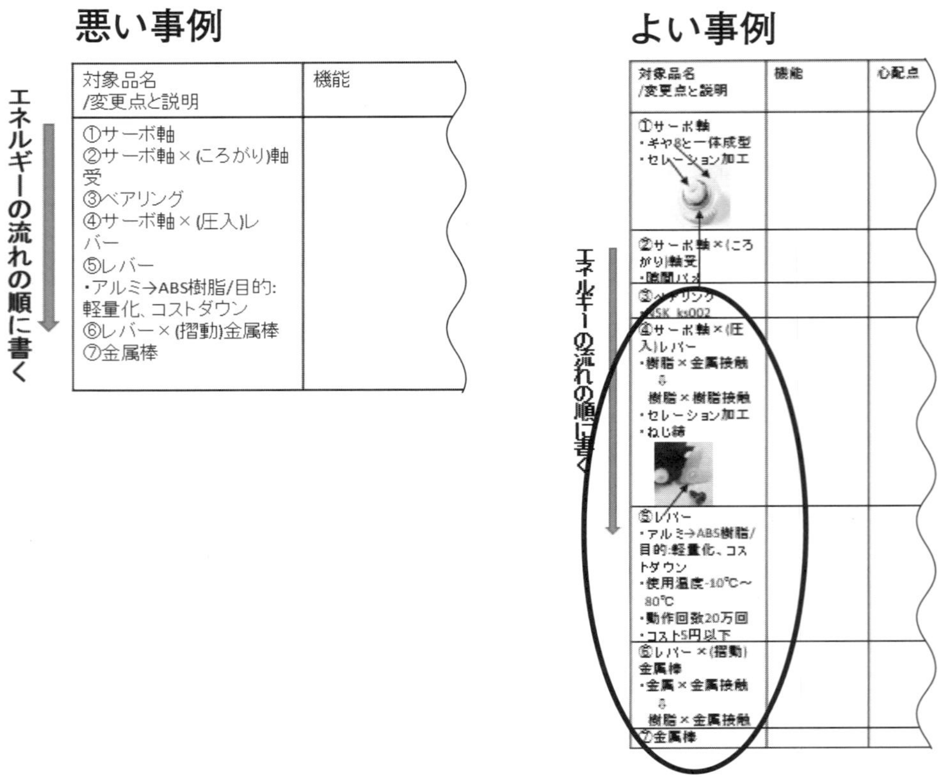

第4章　過去トラ集の使い方

よい事例

エネルギーの流れの順に書く →

対象品名／変更点と説明	機能	心配点
①サーボ軸　・ネジやピン一体成型　・セレーション加工		
②サーボ軸×ころ　・ひっかかり防止　・圧間Nz		
③ベアリング　SSK_k002		
⑤レバー　入れバー(圧　樹脂×金属接触　⇒樹脂×樹脂接触　・セレーション加工　・ねじ溝		
⑥レバー　・アルミ→ABS樹脂/目的:軽量化、コストダウン　・使用温度10℃～80℃　・動作回数20万回　・コスト5円以下		
⑤レバー×(摺動)金属棒		
⑥金属棒　・金属×金属接触		
⑦金属棒　・樹脂×金属接触		

悪い事例

エネルギーの流れの順に書く →

対象品名／変更点と説明	機能
①サーボ軸	
②サーボ軸×ころがり軸受	
③ベアリング	
④サーボ軸×(圧入レバー	
⑤レバー　・アルミ→ABS樹脂　目的:軽量化、コストダウン	
⑥レバー×(摺動)金属棒	
⑦金属棒	

図4.12　レバー関係部の「部品名／変更点」記載

てあります。

(4) 「機能」欄の記入

① 機能

サーボのレバーの機能を書いた事例を、**図4.13** に示します。レバー近辺の(iv)サーボ軸×レバー〜(vii)金属棒のところを示します。

② 要求特性

機能だけでなく、レバーの要求特性である「トルク 5kg-cm 以上の強度が必要」なども記入します。レバーの強度などを考えるときに必要な条件です。

(5) 「変更に関わる心配点(故障モード)」欄の記入

次に、それぞれの機能を果たさなくなる故障モード(心配点)を考えていきます。ここで使うのが、不具合事例集です。「マクロ FMEA シート」の「マクロ機能」でチェック、または「FMEA 辞書」でチェックします。

図4.14 に示す○印のキーワード集に、故障モードのほとんどの要因を示しています。これが不具合事例集の威力です。

検討漏れを防ぐために、故障モードの単語で考えていくという方法もあります。例えば「破壊、変形、緩み、固着、摩耗、干渉、詰まり、腐食、劣化、オープン、ショート、異物」といった単語です。

図4.15 にサーボレバーの心配点を考えた事例を示します。レバーの心配点は「曲がり、折れ」などが考えられます。

① 部品間の故障モードも記載する。

意図せずに変わってしまったレバーのはめ込み部である「(iv)サーボ軸×(軽圧入)レバー」部は、変更前はセレーションが切ってある樹脂のサーボ軸にアルミのレバーを軽圧入していましたが、変更後は樹脂のレ

よい事例

対象品名／変更点と説明	機能	心配点
④サーボ軸×(圧入)レバー ・樹脂×金属接触 ・樹脂×樹脂接触 ・セレーション加工 ・ねじ締 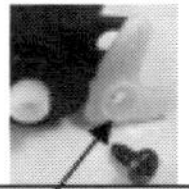	指示位置まで動き、トルクを伝える ・トルク5kgcm以上（電圧4.8V） ・耐振性5G以下に耐える	
⑤レバー ・アルミ→ABS樹脂／目的軽量化、コストダウン ・使用温度-10℃～80℃ ・動作回数20万回 ・コスト5円以下	部品の交換ができる	
⑥レバー×(摺動)金属棒 ・金属×金属接触 ⇒ ・樹脂×金属接触 ⑦金属棒	ある程度防水性を持たせる	

メーカーの流れの順に書く

悪い事例

対象品名／変更点と説明	機能	心配点
④サーボ軸×(圧入)レバー	指示位置まで動き、トルクを伝える	
⑤レバー・アルミ→ABS樹脂／目的：軽量化、コストダウン	部品の交換ができる	
⑥レバー×(摺動)金属棒 ⑦金属棒	ある程度防水性を持たせる	

メーカーの流れの順に書く

図4.13　サーボレバーの機能欄記載

4.2 FMEA作成手順とチェック事例

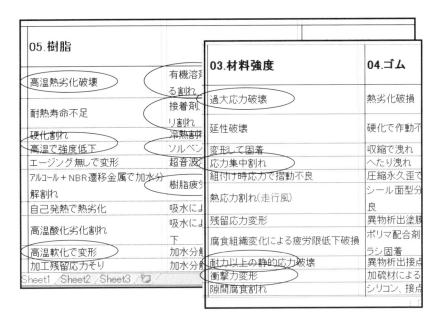

図 4.14 心配点キーワード集

バーを軽圧入するので、レバーはめ込み部が割れてしまうかもしれません。また、「(vi)レバー×(摺動)金属棒」部はアルミレバーの穴に金属棒を入れていたものが、樹脂レバーの穴に金属棒を入れて動かしますので、穴が摩耗してガタガタになってしまうかもしれません。ガタがあると、正確に動きを伝えられません。悪い事例のように、単なる「○○不良」といった表現ではなく、「どの部位がどのように影響し、どんな不良になるのか」を具体的に記載してください。

② 故障モードはすべて記載する。

思いついた故障モードは、設計者の判断で取り除くのではなく、すべて記載してください。

③ 心配点はお客様の視点で思い浮かべる。

お客様の視点で、システムや部品が使われるさまざまな環境を思い浮

よい事例

対象品名/変更点と説明	機能	心配点	原因
④サーボ軸×(圧入)レバー ・樹脂×金属接触 ・セレーション加工 ・ねじ溶接	指示位置まで動き、トルクを伝える ・トルク5kgcm以上(電圧4.8V) ・耐振動性5G以下に耐える	・圧入時、レバー割れ	
⑤レバー ・アルミ→ABS樹脂/目的軽量化、コストダウン ・使用温度-10℃～80℃ ・動作回数20万回 ・コスト5円以下	部品の交換ができる	・強度不足で曲がり、折れ	
⑥レバー×(摺動)金属棒 ・金属×金属接触	ある程度防水性を持たせる	・穴が割れ、金属棒外れ ・レバー穴が摩耗し、ガタ大	
⑦樹脂×金属接触 ⑦金属棒		・成型でむしりで抜いた時摩耗	

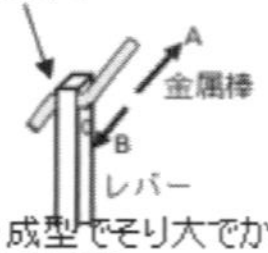

キーワードの流れの順に書く

悪い事例

対象品名/変更点と説明	機能	心配点	原因
④サーボ軸×(圧入)レバー	指示位置まで動き、トルクを伝える	・強度不良	
⑤レバー ・アルミ→ABS樹脂/目的軽量化、コストダウン		・曲がり、折れ	
⑥レバー×(摺動)金属棒	部品の交換ができる	・穴が割れ、金属棒外れ	
⑦金属棒	ある程度防水性を持たせる	・レバー穴摩耗	

キーワードの流れの順に書く

図 4.15　心配点(故障モード)の記載

かべて心配点を記入します(**図 4.16**)。

④　機能の障害、商品性の欠如について記入する。

心配される異音、見栄え不良など、機能の障害、商品性の欠如についても記入します。

⑤　絵を挿入してわかりやすくしてください。

(6)　「心配点はどんな場合に生じるか(要因・原因)」欄の記入

故障はストレスがかからないと起きません。まず設計者が考えて記入し、その後、FMEA 辞書の「マクロ機能」を使って、他にかかるストレスがないかチェックします。このときのポイントは以下のとおりです。

①　抽象的な言葉は書かないようにして、具体的に書く。

図 4.16 の悪い事例は、「外力で折れる」という抽象的な言葉ですので、外力で折れない証明をどうやるか、困ってしまいます。

②　要因を具体的に深く掘り下げる。

外力はどんな外力があるのか、「なぜなぜ」を 5 回繰り返すなどで深堀りされた最終要因を記入してください。よい事例には、「レバーの小さな R 部分に応力が集中して折れる」、「制御翼の風圧力の外力」、「机上から落下する外力」など、具体的な要因が書かれています。劣化も同様で、樹脂ですから、劣化はすぐに思い浮かびますが、具体的ではありません。ストレスキーワード集から探すこともできますが、よい事例の劣化の具体例は「FMEA 辞書」を使って書いた事例です。それを次に説明します。

「FMEA 辞書」の「樹脂」の項目を開くと、**図 4.17** の画面が出てきます。樹脂の場合、ほとんどの項目が該当しますので、全項目チェックするのがベストですが、時間がないときは、一番左の欄に危ない材料が書いてあります。

事例でいうと、サーボレバー材質の ABS が書いてある欄のみを探せ

第4章 過去トラ集の使い方

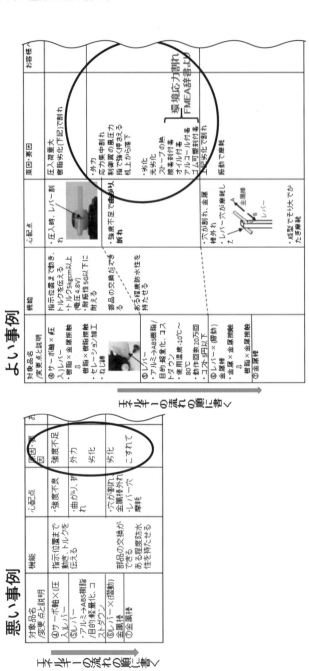

図4.16 心配点の原因・要因の記載

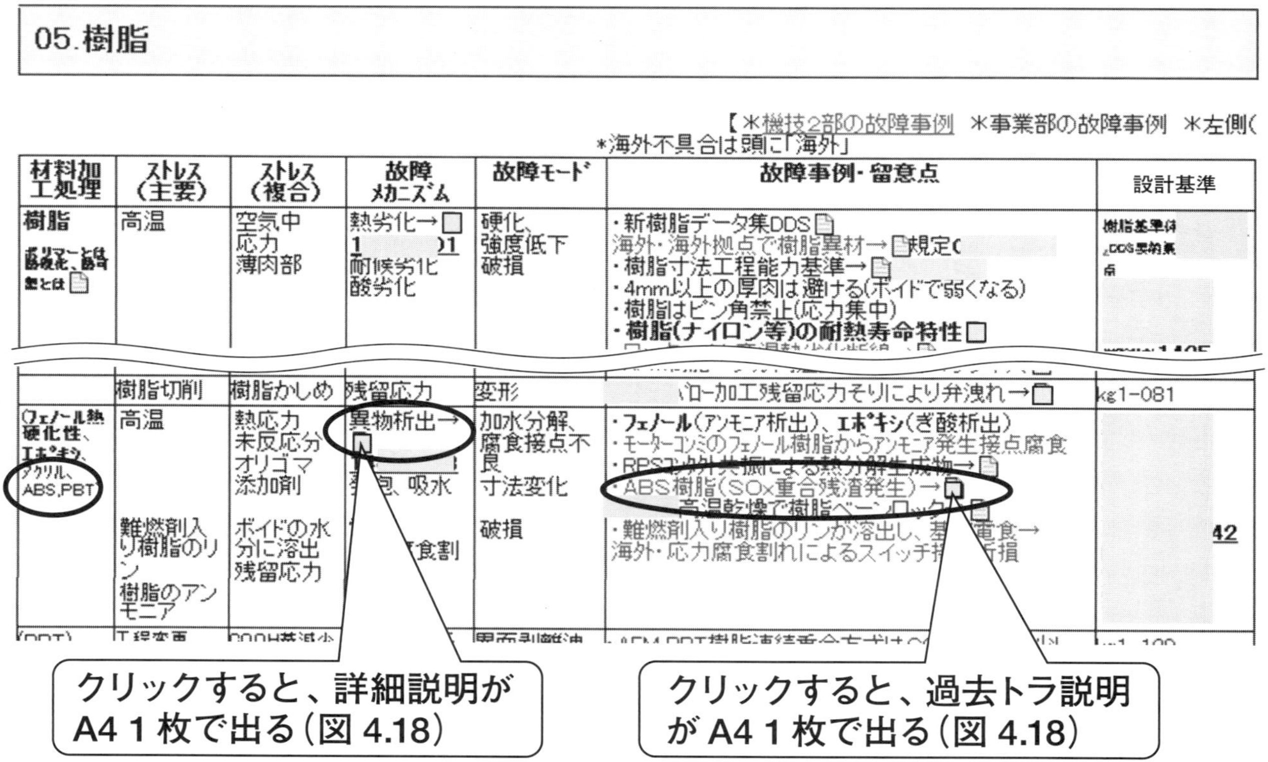

図 4.17　FMEA 辞書による原因・要因調査

ば、時間のないときには助かります。

　まず、○印を付した「異物析出」という原因（故障メカニズム）が出て
きます。過去トラ事例も載っていますから、クリックして詳細を見たの
が**図 4.18** です。

　異物析出とは、樹脂、ゴムなどに含まれている化学成分が、温度上
昇により蒸発して出てくる現象です。過去トラ事例は、ABS から出た
SOx 重合残渣が、近くにあったガラス表面の帯電防止剤と化学反応を
起こし、ガラスが曇ってしまったという不具合です。このような不具合
は、ほとんどの人が知らないので、気づきません。これが、不具合事例
集が役立つポイントです。

　今回のサーボレバーの場合、近くに帯電防止剤はないので、対象外と
してよいでしょう。

　さらに、「FMEA 辞書」を見ていきますと、「環境応力割れ（ソルベ
ントクラック）」という原因（故障メカニズム）が出てきます（**図 4.19**）。
故障事例・留意点欄には、「樹脂に応力が加わっている場合、ABS、
PMMA…有機溶剤、オイル、接着剤、可塑剤、ワックスに弱い」、と書
いてあります。「環境応力割れ」とは、図 4.19 に示すように、応力負荷
のない状態ではほとんど影響しない液体やその蒸気が、応力負荷がか
かった状態では、樹脂材料に割れを発生させる現象のことです。

　この現象は、サーボレバーの使用条件を考えると、エンジン調整中に
オイルの付いた手で触るなど、十分あり得ることですし、制御している
ときは常に応力負荷がかかった状態ですので原因・要因欄に記入します。

（7）　影響度、発生度などの記載

　今回のレバーに合った評価点基準を**図 4.20** に示します。

　お客様への影響、影響度は、最終ユーザーへの影響を記入します。記
入した結果を**図 4.21** に示します。

4.2 FMEA作成手順とチェック事例

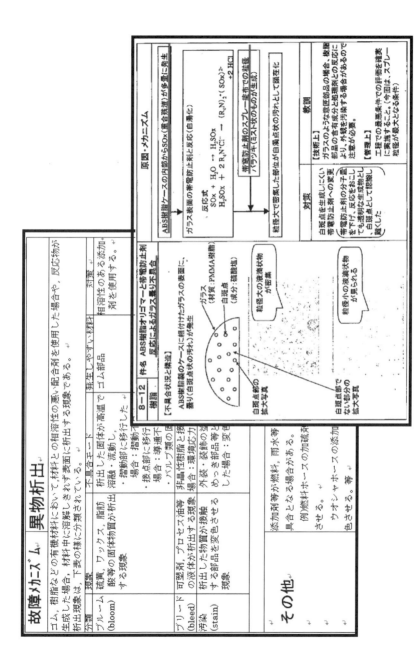

図 4.18 異物析出説明と過去トラ

第4章 過去トラ集の使い方

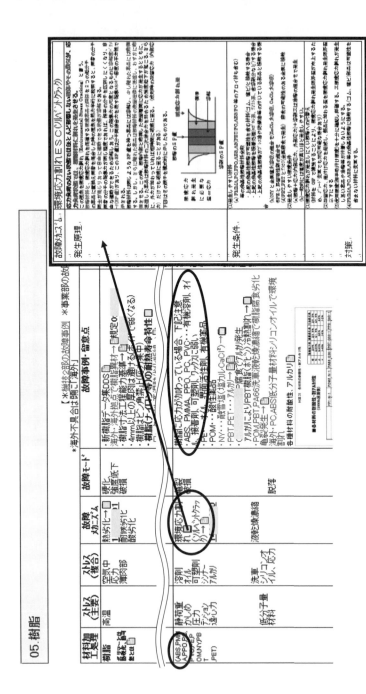

図 4.19 原因・要因調査 その2

処置の基準：	影響度＞9	重要度＞27
影響度　評価基準	発生度　評価基準	検出度　評価基準
5：・制御不能で墜落、 　　人に当たる 　・他社より性能が 　　大幅に劣り売れない 4：性能が多少悪い 3：使い勝手が悪い 2：変色、見栄え悪い 1：なし	5：非常に高い 4：高い 3：中程度 2：低い 1：まれ	5：市場でしか検出できず 4：まれに設計製造段階 　　で検出 3：低い 2：高い確率で発見可 1：設計製造段階で確実 　　に検出

図 4.20　影響度などの評価基準例

(8)　「どんな設計をしたか」欄の記入

　故障を防ぐためにされた設計根拠、現状の設計配慮、余裕度、試験方法を具体的に記入します。わかりやすくするため、「レバー」についてのみ記入した事例を**図 4.22** に示します。

① 図面に落とし込める形で定量的に記入します。

② 設計根拠(計算結果など)と、どう確からしさを確認したか記入します。

　最初のレバーの強度については、パソコンによる 3 次元強度計算で安全率が出ますし、樹脂の疲労強度計算もできます。よって、強度に関する試験は念のためにやるくらいで、これで業務終了となります。その他は、計算では証明できないので、種々の試験を計画して、実施後の結果を記入することになります。

　この後、各故障の原因・要因ごとに、発生度、検出度の点数をつけ、重要度は掛け算で算出します。重要度＝影響度×発生度×検出度です。図 4.22 の事例で説明すると、最初の「強度不足で折れる」については、発生度は、簡単には折れない設計にしてあるものですが、製造工程で傷

対象品名/変更点と説明	機能	心配点	原因・要因	お客様への影響	影響度
④サーボ軸×（圧入）レバー ・樹脂×金属接触 　↓ 　樹脂×樹脂接触 ・セレーション加工 ・ねじ締 	指示位置まで動き、トルクを伝える ・トルク5kgcm以上（電圧4.8V） ・耐振性5G以下に耐える	・圧入時、レバー割れ 	圧入荷重大 樹脂劣化（下記）で割れ	割れて、外れて制御不能	5
		・強度不足で曲がり、折れ レバー	・外力 応力集中割れ 制御翼の風圧力 指で強く押さえる 机上から落下	折れて、外れて制御不能 曲がり：飛行機が思い通りに動かない	5 4
			・劣化 光劣化 ストーブの熱 接着剤付着 オイルコール付着 アルコール付着 ゴム可塑剤付着 　環境応力割れ 　FMEA辞書より		
⑤レバー→ABS樹脂 目的：軽量化、コストダウン ・使用温度-10℃～80℃ ・動作回数20万回 ・コスト5円以下	部品の交換ができる ある程度防水性を持たせる				
⑥レバー×（摺動） ・金属×金属接触 　↓ 　樹脂×金属接触		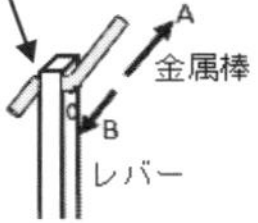 ・穴が割れ、棒外れ ・レバー穴が摩耗しガタ大	上記劣化で割れ 振動で摩耗	割れ：割れて、外れて制御不能 摩耗：飛行機が思い通りに動かない	5 4
⑦金属棒		・成型でそりが大でかたさ摩耗 金属棒　レバー			

エネルギーの流れの順に書く

図 4.21　影響度の記載

4.2　FMEA 作成手順とチェック事例

心配点	原因・要因	お客様への影響	影響度	心配点除去設計 余裕度を定量的に	発生度	検出度	重要度	推〇
・強度不足で**曲がり、折れ** レバー ・トルク5kgcm以上(電圧4.8V) ・耐振性5G以下に耐える	■外力 ・応力集中割れ	**折れ:** 割れて、外れて制御不能 **曲がり:** 飛行機が思い通りに動かない		トルクをMAX.5kgcmとし、FEM解析と現物30個評価(安全率)2確保	2	1	10	
				FMEA辞書 樹脂寿命強度参照 最高荷重で「20万回作動試験N=10異常無し」				
	・制御異常の風圧力 ・指で強く押さえる ・机上から落下		4	10kgcmの荷重をかけ確認 曲がり、折れない	1	2	10	
				コンクリート床へ2m落下試験 〇個破損無し	1	1	5	
	■劣化 ・光劣化			対候試験〇個実施、強度 低下10%以下	2	5	50	
	・ストーブの熱 ・接着剤付着			MAX90℃で24hr放置	2	5	50	
				市販品10種付着作動試験、異常無し	1	5	25	
	・オイル付着			オイル付着作動試験で異常無し	1	5	25	
	・アルコール付着			アルコールは、直ぐ蒸発するので、処置せず	3	5	75	
	・ゴム可塑剤付着			ゴム可塑剤を付着させ、作動試験 異常無し	1	5	25	

図 4.22　心配点除去設計

がついて折れる可能性を考えて、2点にしてあります。

検出度は製造工程で抜取検査によって強度確認を行うことにしたので、1点にしました。一方、「アルコール(有機溶剤)付着による折れ」については、グローエンジンの燃料がアルコールとオイルの混合燃料ですから、付着の可能性は高く、かつ今回、設計確認を省略したので、発生度は3点とし、検出度は何も処置しなければ、製造工程内では発見できませんので、5点としています。一方「接着剤付着による折れ」は、お客様がラジコン飛行機を作るときに、接着剤を多用しますので、接着剤が付着する可能性は高くなりますが、確認済ですので発生度は1点とします。また、この現象は、出荷前には発見できないので、検出度は5点となります。

以上が設計者単独で実施した内容であり、これをもとにチーム活動を実施します。チーム活動では、設計の証明、処置がそれでよいか検討します。例えば正しい確認方法か、効率よくやる方法か、製造方法に頼らず不良が作れない設計にできないかなど検討します。

(9) 「推奨する対応」欄の記入

レバーの事例を図4.23に示します。

① 「他に心配点、要因はないか」欄の記入。

事例では、他の心配点、要因はなかったので、その欄が削除してあります。

② 「推奨する対応」欄の記入。

設計根拠や評価方法の修正意見、作るときの注意点などは「推奨する対応」欄に記入します。事例では、「限界破壊力を確認すること」などの指摘を記入してあります。そして、重要度を下げるための、設計・評価・製造に対する具体的な処置方法、担当、期限を記入します。処置・対応については設計・評価・製造の3点で検討するとよいです。原則は

4.2　FMEA作成手順とチェック事例

因／要因	お客様への影響	影響度	心配点除去 設計 余裕度を定量的に	発生度	検出度	重要度	推奨対応 チーム活動指摘	担当と期限	対応活動結果	影響度	発生度	検出度	重要度
外力 応力集中割れ	割れ: 外れて、外れて制御不能	5	・トルクをMAX.5kgcmとし、FEM解析と現物3σ個評価 安全率3 2確保 FMEA辞書 樹脂寿命強度参照	2	1	10			・製造部へ強度 抜き取りチェック依頼する	5	2	1	10
	曲がり: 飛行機が思い通りに動かない	4	・最高荷重で20万回作動 試験N=10異常無し	1	2	10	何万回もつのか、ワイブル確立で寿命の明確化	6/末 菅谷	・35万回、5年 間もつ事を確認した	5	1	2	10
制御翼の風圧力で強く押さえる			10kgcmの荷重をかけ確認 曲がり、折れなし	1	1	5	限界破壊力をかけ確認の事	6/末 河瀬	・N=3破壊力 10kgcm以上 (15,18,14kgcm) 確認	5	1	1	5
肌上から落下			コンクリート床へ2m☐落下試験○個破損無し	2	5	50							
劣化 老化			対候試験○個実施 強度低下10%以下	2	5	50	屋外6ヶ月暴露試験実施のこと	6/末 本田	N=40異常無し	5	1	5	25
ストーブの熱			MAX90℃で24hr放置 異常無し	1	5	25							
オイル付着			市販品10種付着作動試験、異常無し	1	5	25							
			オイル付着作動試験で異常無し	1	5	25							
アルコール付着			アルコールは、直ぐ蒸発するので、処置せず	3	5	75	燃料漏れ状態で飛ばす可能性あり、アルコールに漬けて強度試験の事	6/末 加藤	N=5異常無し	5	1	5	25
ゴムロ塑剤付着			ゴムロ塑剤付着させ、作動試験 異常無し	1	5	25							

図 4.23　チーム活動の指摘と確認結果

第 4 章　過去トラ集の使い方

設計で対応し、製造で処置・対応する項目については、工程 FMEA・
QA ネットワークに反映します。

　③　期限と担当者の記入。

以上を記入したのが、図 4.23 です。

（10）　指摘の処置結果の記入

　指摘に対する処置が完了したら、「対応活動結果」欄に記入し、処置
をした結果、重点管理不要の項目が出てくるため、再度点数をつけ直し
ます。例えば図 4.23 の事例では、指摘を受けてアルコール浸漬強度試
験を実施したので、重要度点数が 75 → 25 に変わっています。

4.2.4　理想的な FMEA の姿

　FMEA は一度の実施で完了するのではなく、試作～量産での変化／
変更及び品質問題の発生などにおいては見直しをします。同時に、重要
度ランクの見直しも行い改訂をします。

　以上の流れで作った FMEA のよい事例を**図 4.24** に示します。以下の
作り方をすれば、FMEA を技術の保管庫にできます。

　①　後から誰が見てもわかるように、絵を多用する。

　②　ハイパーリンクで計画書、データなども関連項目のところに保存
　　　する。「どんな設計をしたか」欄に課題の設計根拠とその証明を載
　　　せる。

　これらを集めれば、承認会議で効率よく説明でき、よい FMEA にな
ります。

　FMEA に書くべき設計情報を詳しく残したい場合には、**図 4.25** に示
したような記入欄を増やした FMEA 帳票を使うとよいです。

4.2 FMEA 作成手順とチェック事例

FMEAを技術の保管庫にできる

① 絵を多用する。後から誰が見てもわかるように。

② ハイパーリンクで各種計画書、データ、などと関連項目の所に保存

③ "どんな設計をしたか欄" に課題の設計根拠とその証明を

④ 根拠を集めて承認会議で説明、専門分科会もFMEAで受審

エネルギーの流れ順に展開 → 二重三重のチェック(2回目)

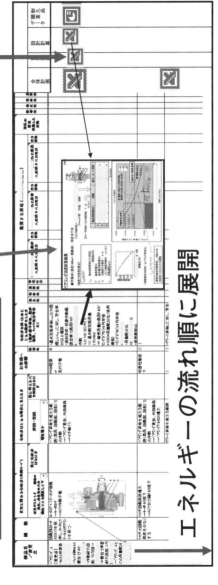

図 4.24 第三者にわかりやすい FMEA 事例

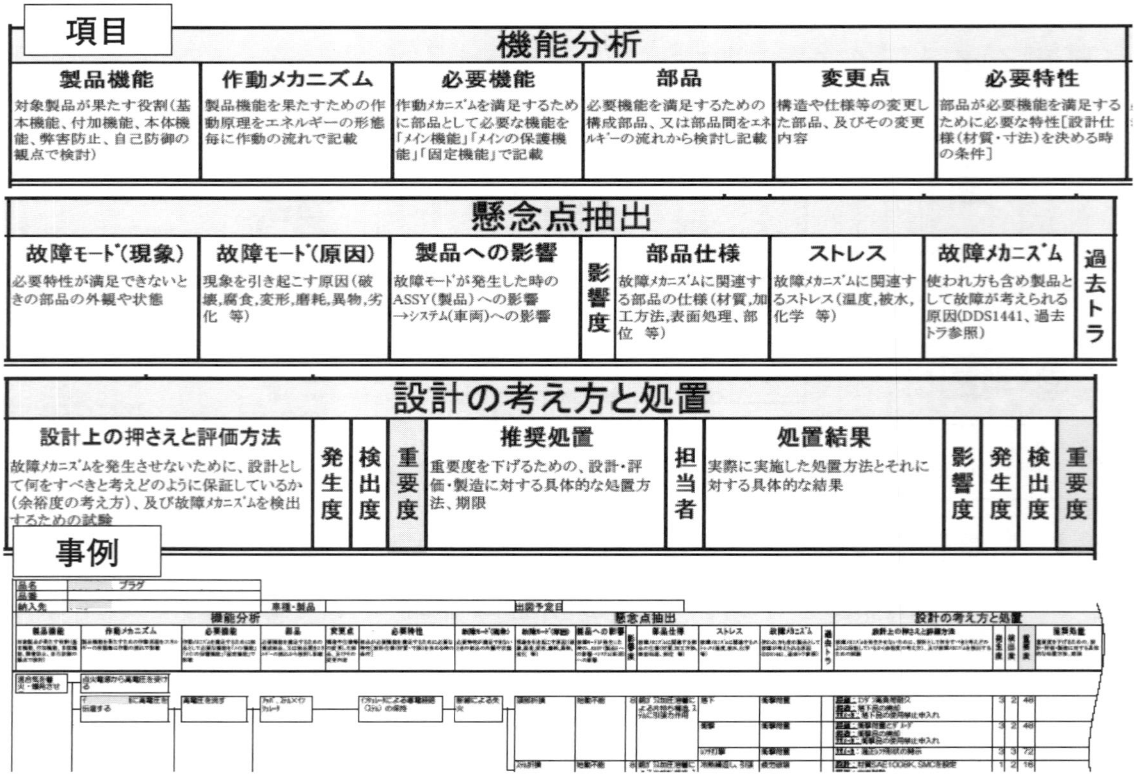
項目
機能分析
製品機能
対象製品が果たす役割(基本機能、付加機能、本体機能、弊害防止、自己防御の観点で検討)
作動メカニズム
製品機能を果たすための作動原理をエネルギーの形態毎に作動の流れで記載
必要機能
作動ﾒｶﾆｽﾞﾑを満足するために部品として必要な機能を「ﾒｲﾝ機能」「ﾒｲﾝの保護機能」「固定機能」で記載
部品
必要機能を満足するための構成部品、又は部品間をｴﾈﾙｷﾞｰの流れから検討し記載
変更点
構造や仕様等の変更した部品、及びその変更内容
必要特性
部品が必要機能を満足するために必要な特性[設計仕様(材質・寸法)を決める時の条件]
懸念点抽出
故障ﾓｰﾄﾞ(現象)
必要特性が満足できないときの部品の外観や状態
故障ﾓｰﾄﾞ(原因)
現象を引き起こす原因(破壊,腐食,変形,磨耗,異物,劣化　等)
製品への影響
故障ﾓｰﾄﾞが発生した時のASSY(製品)への影響→ｼｽﾃﾑ(車両)への影響
影響度
部品仕様
故障ﾒｶﾆｽﾞﾑに関連する部品の仕様(材質,加工方法,表面処理、部位　等)
ストレス
故障ﾒｶﾆｽﾞﾑに関連するストレス(温度,被水,化学　等)
故障ﾒｶﾆｽﾞﾑ
使われ方も含め製品として故障が考えられる原因(DDS1441、過去トラ参照)
過去トラ
設計の考え方と処置
設計上の押さえと評価方法
故障ﾒｶﾆｽﾞﾑを発生させないために、設計として何をすべきと考えどのように保証しているか(余裕度の考え方)、及び故障ﾒｶﾆｽﾞﾑを検出するための試験
発生度
検出度
重要度
推奨処置
重要度を下げるための、設計・評価・製造に対する具体的な処置方法、期限
担当者
処置結果
実際に実施した処置方法とそれに対する具体的な結果
影響度
発生度
検出度
重要度
事例
品名
プラグ
品番
納入先
車種・製品
出図予定日
機能分析
懸念点抽出
設計の考え方と処置
製品機能
作動メカニズム
必要機能
部品
変更点
必要特性
故障ﾓｰﾄﾞ(現象)
故障ﾓｰﾄﾞ(原因)
製品への影響
部品仕様
ストレス
故障ﾒｶﾆｽﾞﾑ
過去トラ
設計上の押さえと評価方法
発生度
検出度
重要度
推奨処置

図 4.25　機能展開 FMEA 帳票

4.3 DR(FMEA チーム活動)実施方法とチェック事例 ▶▶▶

　ここまで、設計者による FMEA の作成について説明してきましたが、作成が終わったら、次に、FMEA に抜けがないか、関係者が集まってデザインレビュー（DR）を実施します。これを FMEA チーム活動と言います。この活動は、品質に特化した DR であるため、PQDR（Perfect Quality Design Review）と筆者らは呼称していました。表 4.9 に示しますが、PQDR は、ある程度課題の評価結果が出た段階で実施します。

　筆者が所属していた会社では、製品あるいは工程の新規度合に応じたランクをつけて運営していました。新規度合の高い製品は「しくみ」の0次より受審します。新規度の少ない製品は、2 次 DR、承認会議のみ受審するというやり方で、PQDR も書面審査のみです。

表 4.9　開発のステップと品質保証体系

開発のステップ （設計、生技担当者実施事項）		しくみ （品質保証） （レビュー会議チーム活動） 全社の総智総力を反映
製品 企画	構想設計	商品企画会議 0次デザインレビュー ＊0次承認会議
製品 設計	詳細設計 FMEA作成 試作 評価、確認	原価企画 FMEAチーム活動 1次デザインレビュー ＊1次承認会議
生産 準備	正式出図 設備製作 量産試作 実機評価	工程設計ＤＲ 製造品質確認 2次デザインレビュー ＊2次承認会議
量産		品質状況確認

設計審査説明
PQDR
(Perfect Quality DR)

FMEA （Failure Mode and Effects Analysis）
設計段階で品質問題を予測し、事前に手を打つための故障モード影響 解析のツール

初期流動管理
製品の新規性・重要度に応じた管理ランクを指定し、設計品質の確保、工程の早期安定化を図る
特指定；会社管理 、0次より受審
A指定；事業部管理、1次より受審
B指定；事業部管理、2次より受審

＊承認会議とは：経営者による次ステップ移行承認会議

第 4 章　過去トラ集の使い方

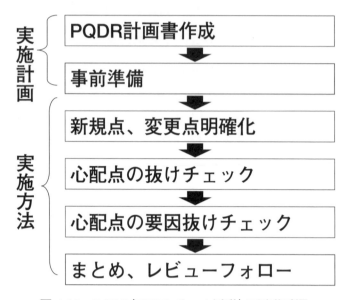

図 4.26　PQDR（FMEA チーム活動）の活動手順

　PQDR の活動手順を図 4.26 に示します。

　大規模製品の場合、一度の DR ですべてを議論するのは不可能なので、何回かに分けて実施します。その計画を作り、事前準備をして、PQDR を実施します。PQDR では、まず新規点、変更点を皆で確認した後、心配点、心配点の要因に抜けがないか議論します。以下、PQDR の手順を解説していきます。

4.3.1　事前準備

　PQDR は、他部署の専門家にも参加してもらうため、スケジュール確保のしやすさや、出席者の疲労、効率などを考えて、目的別に開催日を細かく分け、できるだけ短時間（2〜3 時間）で開催するようにしていました。また、レビューする範囲を広げすぎないことも重要です。以前、議論に集中するため、研修センターに泊まり込んで、3 日間にわたり実

132

施したことがありますが、逆に集中力が切れて、効果が上がりませんでした。

図 **4.27** に PQDR(FMEA チーム活動)計画書の事例を示します。この計画書は新規度の高い製品の場合だけ作ります。新規度合が低い製品は、書類審査のみ実施します。主に以下のことに留意して計画書を作ります。

① 10 の重要新規点と重要心配点を書きだす。

まず、何を重視して審議するかを整理するため、設計者が 10 の重要新規点と重要心配点を書きだします。

② 出席メンバーの選定。

参加者は上長を司会とし、技術部長、設計者本人、グループリーダーのほか、生産技術、生産課、品質保証部、材料、加工処理の専門家、全社で登録されている他事業部の電磁機、減速機、弁、機械要素、電子技術などの経験豊富な人などを選定します。なお、専門家は該当審議項目の回のみに出席してもらいます。また、出席者として類似製品の設計者を入れるようにします。思いもしなかったよい指摘をしてくれます。

③ PQDR を開催する。

重要審議点ごとに PQDR を開催します(開催時間は 2 ～ 3 時間、時間切れで終わりません。何度も実施します)。 開催案内は、最初は担当設計者が出していましたが、それを第三者である筆者に変更しました。出席者全員が出られる日程探し、会議室探しなどの設計者の事務仕事を減らすのが目的です。

事例では、7 回に分けて実施する計画となっています。なお、時間切れとなってしまっても、それで終わりではなく、別の日に続きをやります。ですから、合計 20 回くらいの PQDR を開催することになります。

このやり方を実施することにより、筆者が行うセミナーの時によく受ける、以下の質問の回答になると思います。

・効率的な DR の進め方は？

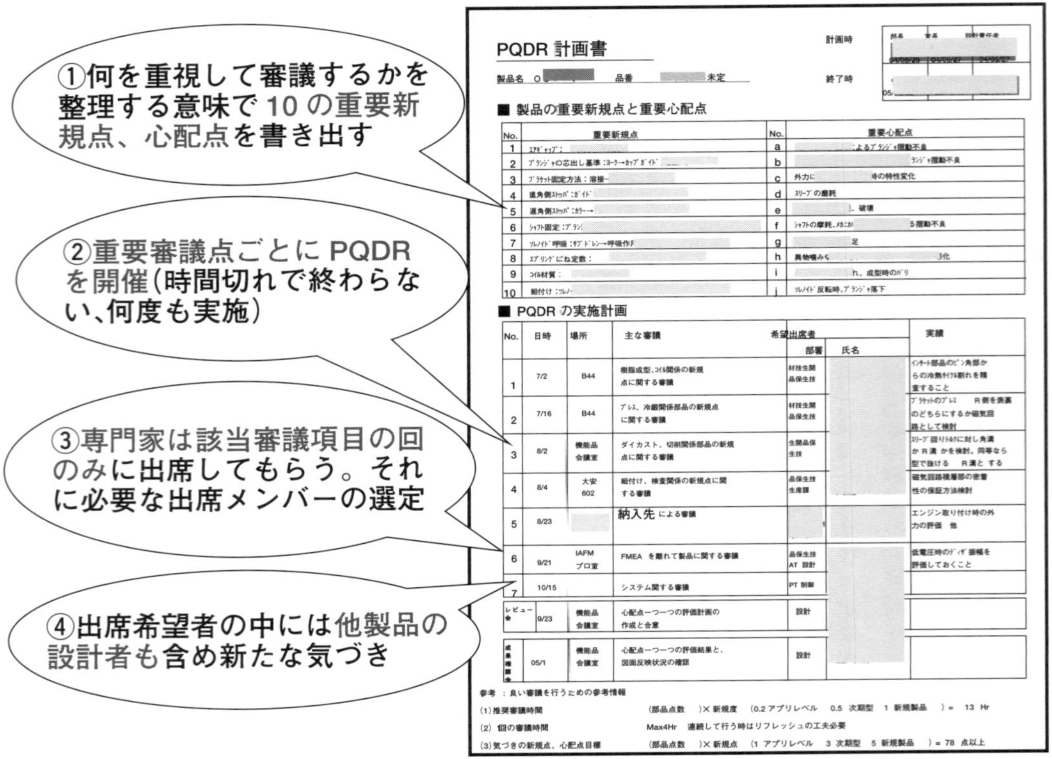

PQDR 計画書

■ 製品の重要新規点と重要心配点

■ PQDR の実施計画

① 何を重視して審議するかを整理する意味で 10 の重要更新規点、心配点を書き出す

② 重要審議点ごとに PQDR を開催（時間切れで終わらない、何度も実施）

③ 専門家は該当審議項目の回のみに出席してもらう。それに必要な出席メンバーの選定

④ 出席希望者の中には他製品の設計者も含め新たな気づき

図 4.27　PQDR 計画書

・多くの意見を限られた時間で討議しつくすには？

・DR の内容の拡がりと深さは？

・出席者のスケジュール調整が困難では？　など

また、説明者の資料作りが大変という各社共通の悩みについては、極力説明資料は結論のみ書き、証拠資料は生データを使って説明すると負荷が減ります。

次に、小型制御弁を新規に開発したときの事例を使って、PQDR で準備するものを説明します（図 4.28）。準備するものは以下のものです。

①　図面

②　分解した状態の製品

組み付けられた Assy を 1 つ持ってくる人がいますが、中の部品が見えないため、分解した状態の製品を準備します。

③　部品名入りの製品分解展開図

DR では部品名で議論することが多く、部品名を知らない部外の専門家などが、議論についていけなくなることを防ぐために、部品名入りの製品分解展開図を用意し、会議室の壁に貼っておきます。

④　製品・部品の新規点・変更点シート

図 4.31 で示します。この後、⑤の使用環境変化点シートも一緒に説明します。

⑤　使用環境変化点洗い出しシート

図 4.32 で示します。

⑥　設計者が作成した FMEA シート

⑦　FMEA 辞書、キーワード集

第 3 章で説明した各種道具の一つである新規点、変化点シートについて説明します。新規点、変化点シートは 2 種類あります。まず④の「製品・部品の新規点、変更点シート」について図 4.29 で説明します。

品質問題で多く見受けられる発生原因の一つに、DR のときに変更点

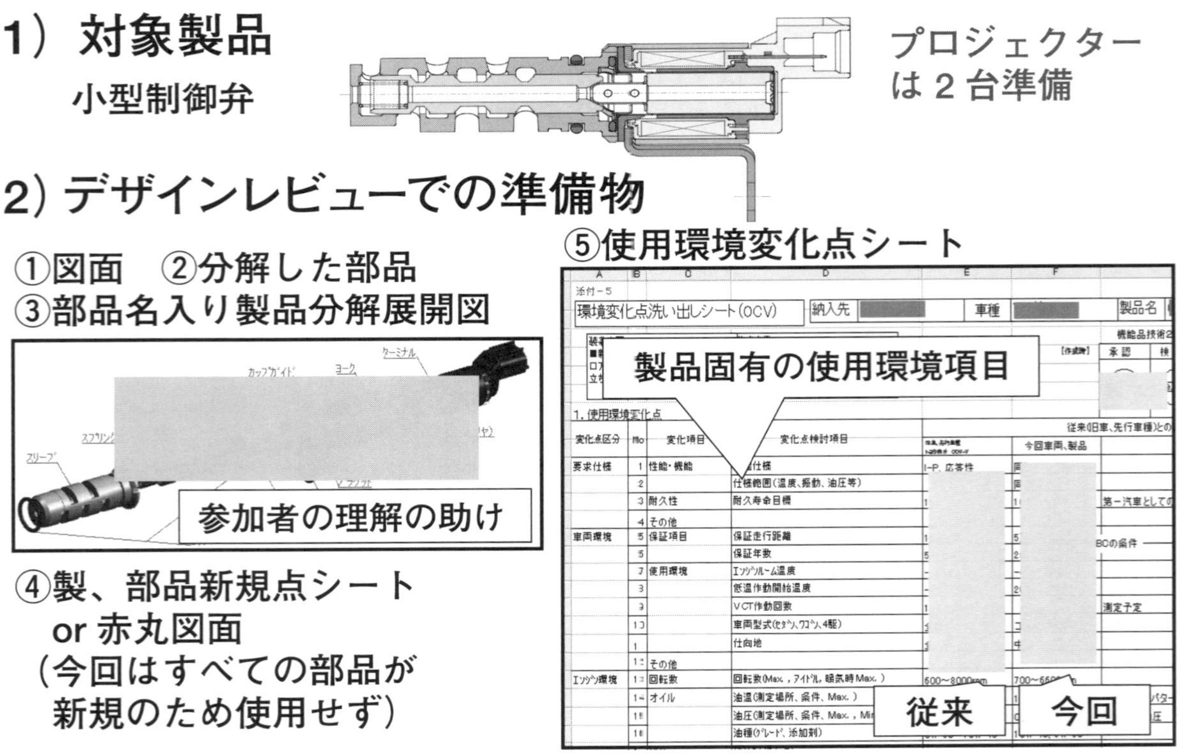
1）対象製品
小型制御弁
プロジェクターは2台準備
2）デザインレビューでの準備物
①図面　②分解した部品
③部品名入り製品分解展開図
ターミナル
カップガイド
ヨーク
スプリング
スリーブ
参加者の理解の助け
④製、部品新規点シート
or 赤丸図面
（今回はすべての部品が
新規のため使用せず）
⑤使用環境変化点シート
添付－5
環境変化点洗い出しシート（OCV）
納入先
車種
製品名
製品固有の使用環境項目
1. 使用環境変化点
変化点区分
No
変化項目
変化点検討項目
今回車両、製品
要求仕様
性能・機能
仕様範囲（温度、振動、油圧等）
耐久性
耐久寿命目標
その他
車両環境
保証項目
保証走行距離
保証年数
使用環境
低温作動開始温度
VCT作動回数
仕向地
その他
回転数
オイル
油温（測定場所、条件、Max.）
油圧（測定場所、条件、Max.，Min
油種（グレード、添加剤）
測定予定
従来
今回

図 4.28　デザインレビュー対象製品と準備物

4.3　DR（FMEA チーム活動）実施方法とチェック事例

なぜ、新規点、変更点として注目しなかったか

新規点抽出に設計者のレベル差あり

・大きな新規点に隠れた小変更のため説明しなかった
・新規点ほどでないと思い込み

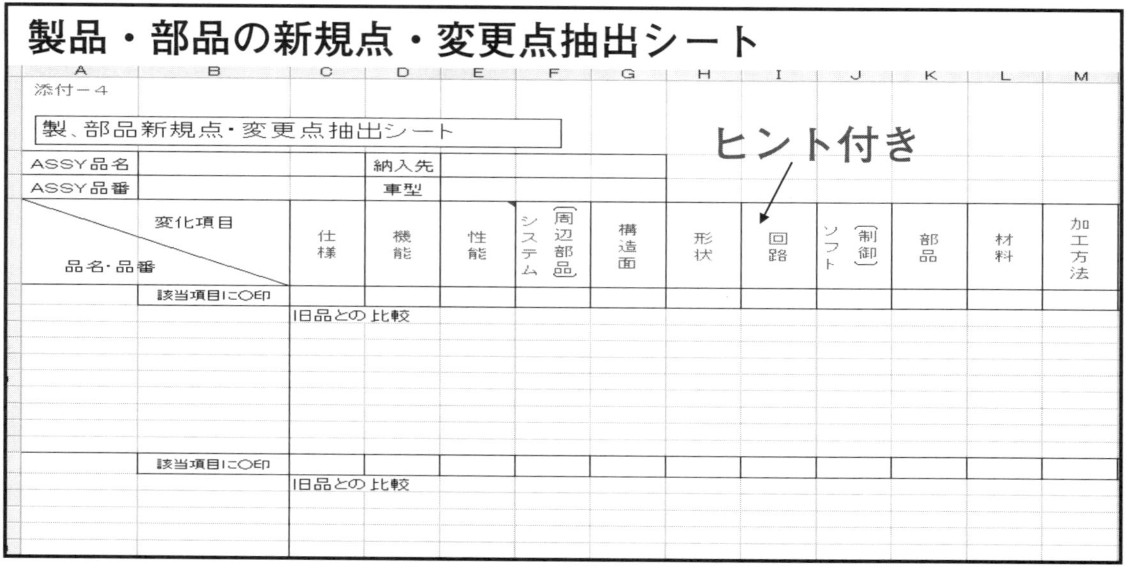

製品・部品の新規点・変更点抽出シート

添付－4

製・部品 新規点・変更点抽出シート

納入先										
ASSY品名		車型								
ASSY品番										

ヒント付き

	仕様	機能	性能	システム周辺部品	構造面	形状	回路	ソフト(制御)	部品	材料	加工方法
品名・品番　変化項目											
該当項目に○印											
旧品との比較											
該当項目に○印											
旧品との比較											

図 4.29　④製品・部品の新規点・変更点抽出シート

第4章　過去トラ集の使い方

を説明しなかったので、誰も心配点に気づかなかった、というのがあります。なぜ、変更点を説明しなかったのか調査してみると、大きな新規点に隠れた小変更のため説明しなかった、新規点ほどではないと思いこんだ、などが原因でしたので、何を変更したのかわかるようにヒントつきのシートとしました。記入例を図 4.30 に示します。しかし、これも設計者にとっては面倒な作業であり、小変更だと思いこめば書かないので、このシートの使用は途中でやめました。

その後改善したものを図 4.31 に示します。このように、新規点、変更点に赤丸で印をつけた図面を持参してもらうことにしました。これであれば、思い込みも防げます。

次に、⑤「使用環境変化点洗い出しシート」を図 4.32 に示します。これは製品別に作ることとし、事例では、AT の制御弁の事例が書いてあり、製品固有の調査すべき使用環境が書き込めるようになっています。若手が類似製品を開発するときにも、調べるべき使用環境が一目でわかります。

4.3.2　DR の実施方法と不具合事例集チェック事例

資料が準備できたら、不具合事例集を使って DR を実施し、参加者全員で議論します。

（1）　新規点、変更点の明確化

まず、設計者に製品説明をしてもらいますが、その後すぐ、新規点・変更点を明確にし、参加者の共通認識の保有を図っていました。変更点が示されないと、誰も心配点を考えないからです。製品・部品の新規点・変更点は図 4.31 の製品・部品新規点変更点シートを、使用環境の変化点は図 4.32 の使用環境変化点洗い出しシートを使って参加者全員で確認します。

138

4.3　DR(FMEA チーム活動)実施方法とチェック事例

添付・5

製品・部品新規点・変更点抽出シート

3/6

	作成	検討	承認

| ASSY品名 | ソレノイドASSY | 納入先 | |
| ASSY品番 | | 車型 | |

変化項目　品名・品番（該当項目に○印）	部品構造	構成部品	部品寸法	材質	加工方法	表面処理	取付け	制御	部品取扱い	部品保管	その他
ベースサブASSY（該当項目に○印）	○	○	○								
フィルタ（該当項目に○印）			○	○							
スプリング、プランジャ（該当項目に○印）			○								

①フィルタのかしめ
全周かしめ
（従来）
②全周熱かしめ
熱を全周塗かしめ
（変更 P72）
FMEA実施要否（○印）　要・否

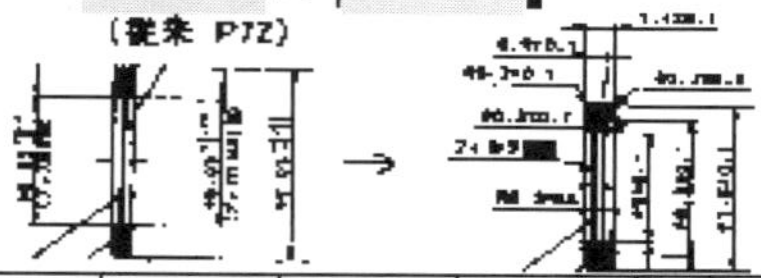

①外枠の材質
（変更 P72）
FMEA実施要否（○印）　要・否

①サイズの変更
FMEA実施要否（○印）　要・否

図 4.30　④製品・部品新規点・変更点抽出シート記入例

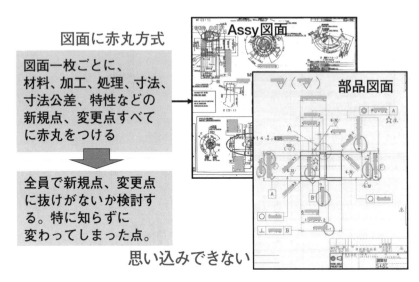

図4.31 ④製品・部品新規点・変更点抽出シート最終版

(2) 心配点の抜けチェック

次に、設計者が作成したFMEAシートをもとに、皆でFMEA辞書と設計者作成のFMEAの両方を投影して、心配点の抜けがないか確認します。通常会議室にはプロジェクタは1台しかありませんので、筆者がプロジェクタを2台常設した会議室を2室準備し、PQDRはこの会議室で実施しました。

図4.33のFMEAシートは、設計者が作成したものです。故障モードとして、「断線」、「ショート」、「抵抗値異常」などが挙げられていますが、それ以外の故障モードはないか、FMEA辞書と照らし合わせチェックします。この事例は、樹脂のボビンに銅線を巻き、ターミナルを圧入して、巻き線の銅線とターミナルをヒュージング(溶接)で結合し、さらにその上から樹脂でモールドされたコイルの事例ですので、「樹脂」、「巻き線・ヒュージング」、「モールド」、ターミナル部分はコネクタになっ

4.3 DR(FMEAチーム活動)実施方法とチェック事例

⑤使用環境 新規点・変化点の明確化

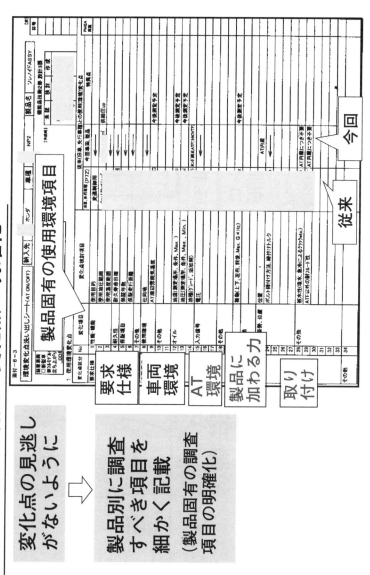

図 4.32 ⑤使用環境変化点洗い出しシート

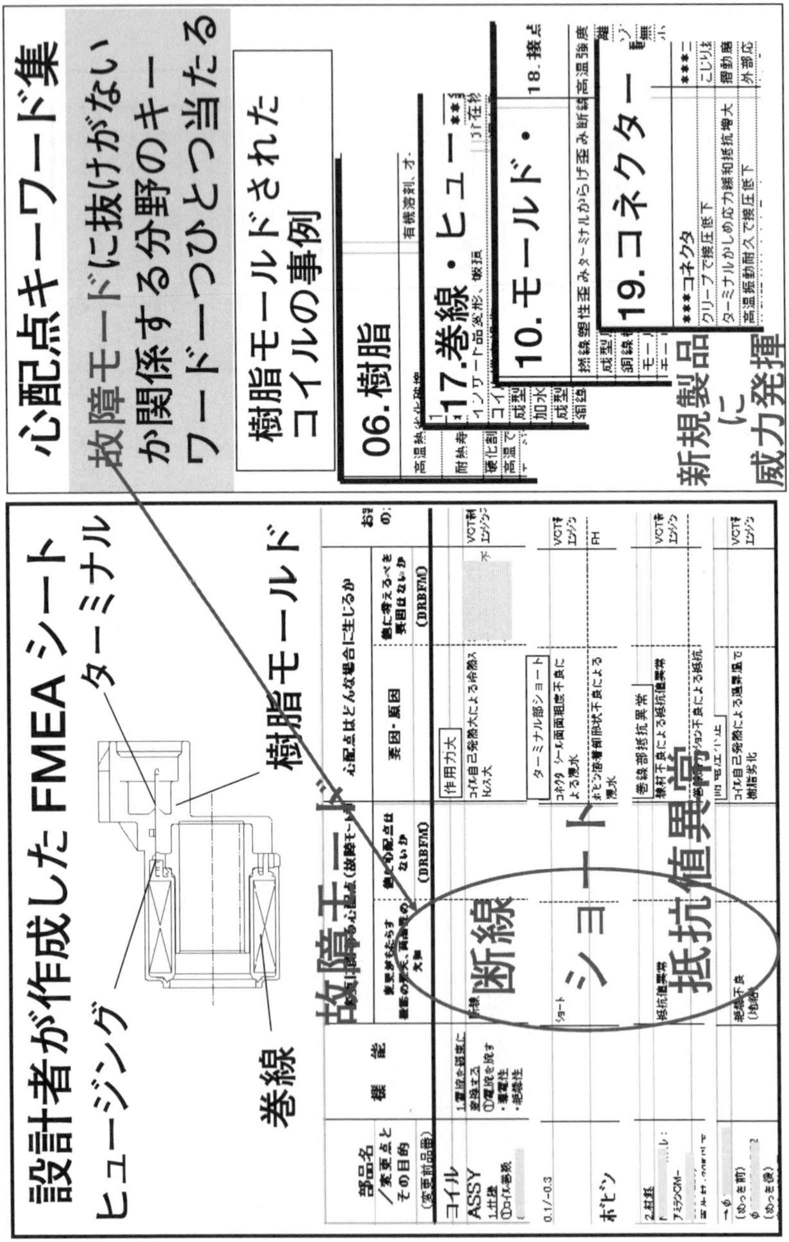

心配点キーワード集

故障モードに抜けがない か関係する分野のキー ワードひとつひとつ当たる

樹脂モードされた コイルの事例

06. 樹脂

17. 巻線・ヒュー＊＊

10. モード・ヒュー・　18. 接点

19. コネクター

新規製品に 威力発揮

設計者が作成した FMEA シート

ターミナル

樹脂モード

巻線

故障モード

断線

ショート

抵抗値異常

図4.33　心配点の抜けチェックの事例

ているので、「コネクタ・ターミナル」について抜けがないか当たっていきます。

図4.34がFMEA辞書と比較して、抜けている項目を指摘し、設計者のFMEAに追記した事例です（銅線を樹脂モールドするので、樹脂成型圧力による変形、成型熱による銅線被膜軟化亀裂などが抜けています）。

また、なぜ変更したのか、設計根拠は何か、と問いかけることにより、議論が活発になり、抜けている心配点（故障モード）も見つけやすくなります。このとき、司会者の力量で、成果が変わってきます。

(3) 心配点の要因の抜けチェック

心配点（故障モード）が抽出できたら、さらに、その心配点がどのような場合に生じるのか検討します。このとき、故障モードが発生する要因（故障メカニズム）に抜けがないか、ストレスキーワード集で確認していきます。図4.35の事例では「断線」という故障モードに対し、銅線が冷熱サイクルで樹脂から応力を受けて切れる場合もあるし、振動共振で揺れて切れる、腐食して切れる、あるいは樹脂でモールドするときの成型圧で切れる場合も考えられます。特に、使用環境が変わったところに注目してチェックすると、抜けなくチェックできます。

この活動が二重三重チェックの3回目となります。試作図面でチェックを忘れても、忙しくてマクロFMEAシートでチェックしてくれなくても、ここで気づくというやり方です。

ここまでは故障モードの抜けチェックですが、PQDRでは、設計の証明、処置がそれでよいかも検討します。例えば正しい確認方法か、効率よくやる方法か、製造方法に頼らず不良が作れない設計にできないかなど検討します。また、評価方法については、具体的で定量的な推奨処置を決定します。そのため、FMEA作成シートを改訂し、解決できる具体的で定量的な方法が書けるように、「推奨処置」欄を変更しました。

第4章 過去トラ集の使い方

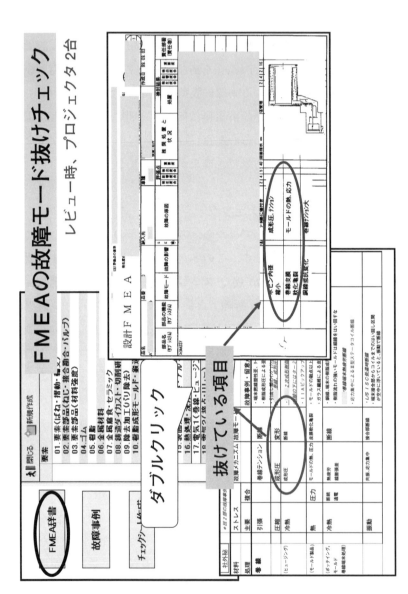

図 4.34 FMEA チェック事例

4.3 DR（FMEA チーム活動）実施方法とチェック事例

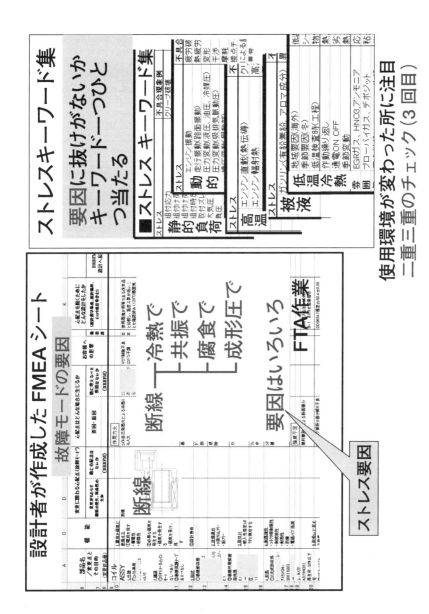

図 4.35 心配点の要因抜けチェックの事例

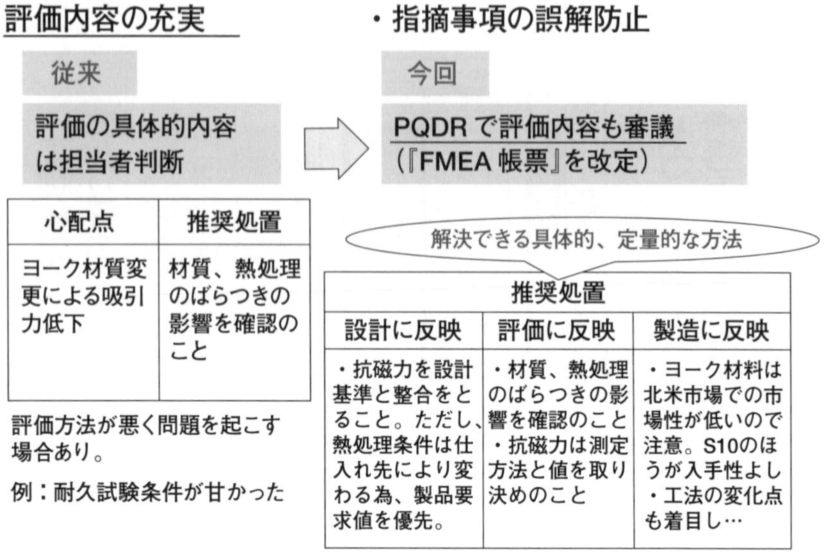

第4章　過去トラ集の使い方

評価内容の充実　　・指摘事項の誤解防止

従来	今回
評価の具体的内容は担当者判断	PQDRで評価内容も審議（『FMEA帳票』を改定）

心配点	推奨処置
ヨーク材質変更による吸引力低下	材質、熱処理のばらつきの影響を確認のこと

評価方法が悪く問題を起こす場合あり。

例：耐久試験条件が甘かった

解決できる具体的、定量的な方法

推奨処置		
設計に反映	評価に反映	製造に反映
・抗磁力を設計基準と整合をとること。ただし、熱処理条件は仕入れ先により変わる為、製品要求値を優先。	・材質、熱処理のばらつきの影響を確認のこと ・抗磁力は測定方法と値を取り決めのこと	・ヨーク材料は北米市場での市場性が低いので注意。S10のほうが入手性よし ・工法の変化点も着目し…

図4.36　評価内容検討

評価方法に誤りがあり、問題を発生させてしまったというケースも多いからです。図4.36と図4.37に示します。

(4)　PQDRのまとめ

PQDRの終了後、設計者は上司とともに、指摘事項について整理します。図4.38はランクづけした指摘事項一覧です。指摘事項が理論的な計算で問題ないことを証明できれば、それを「設計根拠」欄に書いて、業務終了となります。計算では証明できない項目は今後試験などで確認しなければなりません。一覧表にまとめると、今後の業務量の把握ができ、人が足りなければ、誰かが応援することになります。

4.3 DR（FMEAチーム活動）実施方法とチェック事例

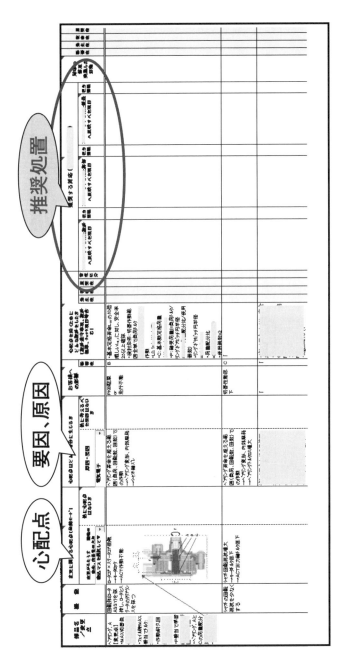

図4.37 FMEA作成シートの改訂事例

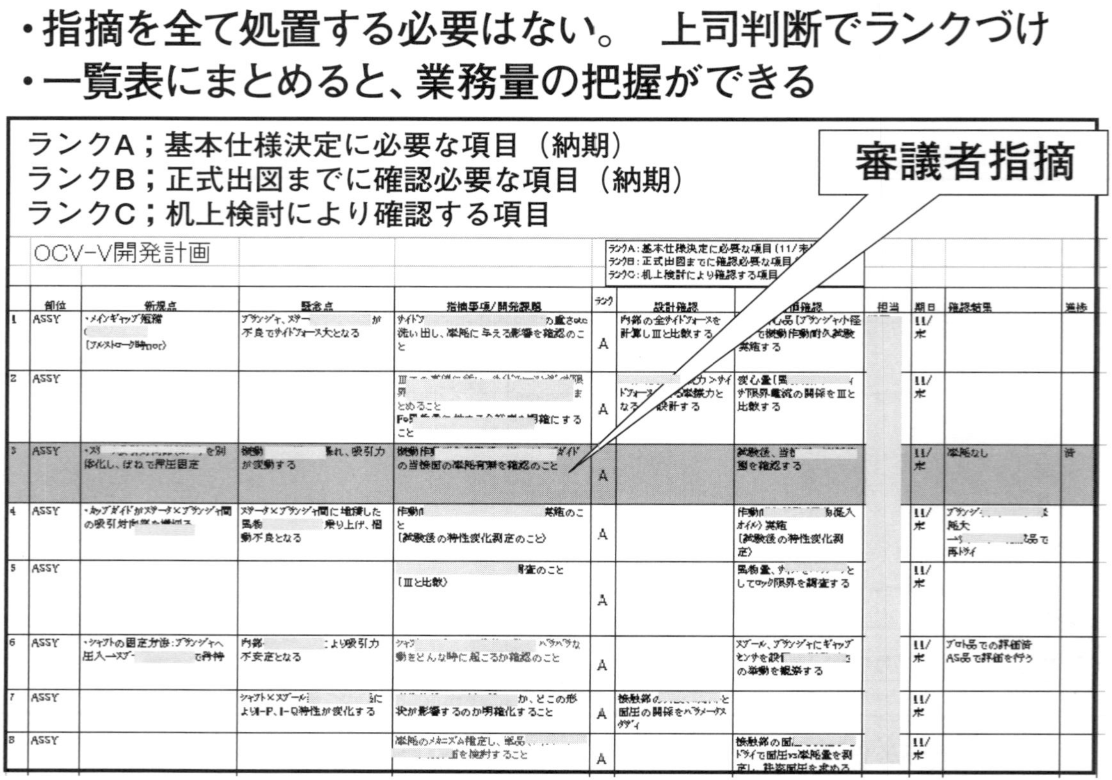
・指摘を全て処置する必要はない。　上司判断でランクづけ
・一覧表にまとめると、業務量の把握ができる
ランクA；基本仕様決定に必要な項目（納期）
ランクB；正式出図までに確認必要な項目（納期）
ランクC；机上検討により確認する項目
審議者指摘
OCV-V開発計画
部位
新規点
懸念点
指摘事項／開発課題
ランク
設計確認
担当
期日
確認結果
進捗

図 4.38　指摘事項一覧（ランクづけ）

(5) PQDR による成果

　表 4.10 は、PQDR を行った結果を示しています。表 4.10 では、7 回に分けて実施としていますが、実際はこの続きを何度も実施したので、計 15 回くらい実施しています。この 15 回の PQDR の結果、全部で188 件の指摘を得ました。キーワードを一つひとつ確認していくことで、多くの指摘が出て、従来の約 2 倍の「気づき」がありました。

(6) 司会者の注意事項集

　よい DR を実施するためには、議論を深められる司会者の運営技術が必要です。そこで、司会者の注意事項集を作り、司会を担当する人を集めて教育も実施しました。図 4.39 に示すように、DR の心構えをはじめ、司会者が心がけることまで、必要なことはすべて書いてあります。例え

表 4.10　PQDR 指摘件数

重要審議点ごとに PQDR を開催（2 〜 3hr）

No.	目的	要請部署メンバー	指摘件数
1	エンジンメーカの視点	エンジン部, DRBFM専任者	27件
2	プレス、冷鍛部品	材技、生開、品保、生技	57件
3	樹脂成型部品	材技、生開、品保、生技	21件
4	ダイカスト	生開、品保、生技	27件
5	組付（製造工場で実施）	品保、生技、生産課	31件
6	類似他製品の視点	類似製品設計、品保、生技	15件
7	システム屋の視点	パワートレイン制御	10件

専門家も出やすい

時間切れで終わらない、何回もやる
・設計者が気づかなかった指摘が
　キーワード一つひとつ当ると、意外と出る
・よく似た他製品の設計者の思いもつかない指摘あり

合計
188 件（従来 90 件）
約 2 倍

量産後、品質問題なし

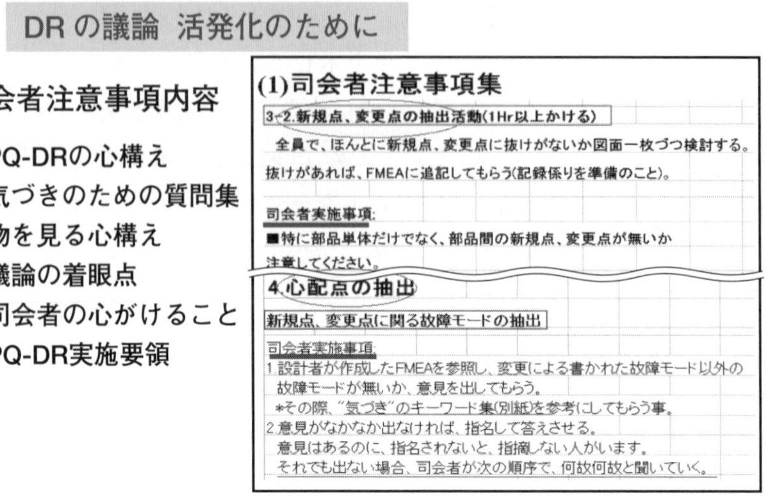

第 4 章　過去トラ集の使い方

DR の議論　活発化のために

司会者注意事項内容

・PQ-DRの心構え
・気づきのための質問集
・物を見る心構え
・議論の着眼点
・司会者の心がけること
・PQ-DR実施要領

(1) 司会者注意事項集

3-2.新規点、変更点の抽出活動(1Hr以上かける)

　全員で、ほんとに新規点、変更点に抜けがないか図面一枚づつ検討する。
抜けがあれば、FMEAに追記してもらう(記録係りを準備のこと)。

司会者実施事項:
■特に部品単体だけでなく、部品間の新規点、変更点が無いか
注意してください。

4.心配点の抽出

新規点、変更点に関る故障モードの抽出

司会者実施事項:
1 設計者が作成したFMEAを参照し、変更による書かれた故障モード以外の
　故障モードが無いか、意見を出してもらう。
　*その際、"気づき"のキーワード集(別紙)を参考にしてもらう事。
2 意見がなかなか出なければ、指名して答えさせる。
　意見はあるのに、指名されないと、指摘しない人がいます。
　それでも出ない場合、司会者が次の順序で、何故何故と聞いていく。

図 4.39　司会者注意事項集

ば、「受審側の人は、絶対に品質問題を起こさないために、自分一人で
は気がつかないところを指摘してもらうという謙虚な気持ちで」、「設計
以外は知らなくて当然、遠慮なく素朴な質問をする」、「意見が出なけれ
ば、指名して指摘してもらう。それでも出なければ、司会者が "なぜな
ぜ" と聞いていく」、「なぜ変更したのか、根拠は、その部品の機能は何
か、周りの部品との関わりあいは、変更によってその部品の機能が変化
しないか聞く」などです。

　これを実施することにより、セミナーでよく聞く以下の悩みごとの回
答になります。「1 つの議論に長時間かかる、途中で話が変わる、参加
者全員の意見を引き出すには？　的外れの指摘への対応は？」などです。

4.4　製造工程での不具合事例集の使い方 ▶▶

　次は、製造工程で、不具合事例集をどう使うかを解説します。

製造部で考えられる品質問題の原因としては、製造方法のミスによるクレーム（異物混入、製品不良など）、ヒューマンエラー（作業ミス、工程飛び、チョイ置き不具合など）、設備故障（ねじ締不良など）があります。

人の作業を必要とする工程では、製造ミスによる品質問題を未然に防ぐためにヒューマンエラーを考慮する必要があります。製造部では、製造工程の設計をすると、作業、管理のプロセス要素に着目して行うFMEAである工程FMEA（Process FMEA）を実施します。工程FMEAは、故障モードの抽出視点が製品でなく、製品を製造するための物（人、材料、設備、方法、環境など）に向くことになります。

4.4.1　工程 FMEA の実施手順

以下、工程FMEAの実施手順について、製品を組み付ける工程の一部である、部品Aをねじで取り付ける工程を事例に説明します。**図4.40**に示すように、製品に部品Aを挿入して、ボルト2本で締め付ける工程です。

（1）　事前準備

まず、QC工程図・作業手順書・設備仕様書など、工程の理解に必要な情報をそろえます。QC工程図とは、工程の流れに沿って、各段階での管理項目や管理方法などを記載したものです。これを見れば、工程の各段階で、誰が、いつ、どこで、何を、どのように管理するのかわかります。

（2）　工程 FMEA にプロセスの工程名と作業名、機能を記入

作業の流れ順に作業名と機能を記入します。このとき、使用する治具、工具、機械なども記入します。段取り替えとは、ある製品の組み付けが終わり、別の製品を組み付ける作業に移るとき、使用していた治具などを次の製品用に交換する作業です。同じ組み付けライン上で何種類かの

第4章 過去トラ集の使い方

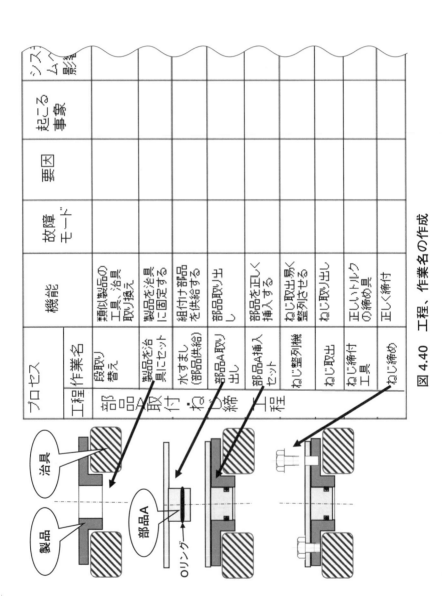

図 4.40 工程、作業名の作成

4.4 製造工程での不具合事例集の使い方

類似製品を組み付ける場合に必要となります。

FMEA は機能が阻害された際の影響解析がメインの役割ですので、必ず作業名の後に、作業名の「機能」の欄を設けてください。工程 FMEA の事例には、「機能」欄のないものが多く見受けられますが、次の故障モードを考えるとき、作業名の機能を果たさなくなる故障モードを考えるので、必須項目と言えます。例えば、事例の「製品を治具にセット」は、作業しやすいように製品を治具に固定するのが「機能」ですから、「故障モード」は、間違った治具を使うことで、締付不良になることなどが挙げられます。

(3) 作業手順ごとの故障モードを記載

次に、作業手順ごとに故障モードを記載していきます。ここで、不具合事例集（含む過去トラ）が必要になります。また、設備や器材に対する専門技術者、熟練作業者の経験を活用し、記入することも大切です。過去トラ以外のノウハウ集を、彼らは経験として頭の中に入れています。

事例で説明しますと、第 2 章の図 2.6 で説明した過去トラ集に、同じような工程の不具合がありました。それを再度**図 4.41** に示します。

これは、Ｏリングのついた部品を手作業で挿入した際、傾いたまま、2 本のボルトで締められてしまった不具合です。浮いた状態で出荷され、発見されました。原因としては、ボルト締めのルール違反がありました。「ボルト 2 本で 3 回締める」が正しい作業手順ですが、2 回しか締めていないのが不具合の原因であり、また締付順序も逆であったという事例です。

これを参考に対策を考え、今回の**図 4.42** の工程 FMEA には、「部品 A を挿入セット」の箇所と「ねじ締め」のところに反映できます。「部品 A を挿入セット」では、Ｏリングが切れてしまう不具合も考えられるので、**図 4.43** の「故障モード」には、Ｏリング切れが追加してあり

第 4 章　過去トラ集の使い方

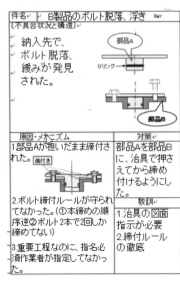

工程 FMEA へ反映

1. 部品 A を挿入 セット
「機能」の正しくセットに反する行為
　　　⇩
「故障モード」：担いでセットした
「要因」：　手作業で挿入不十分
「起こる事象」：緩み、脱落

2. ねじ締め
「機能」：の正しく締付に対し
　　　⇩
「故障モード」：傾き締め
「要因」：　締付回数不足
　　　　　　本締め順序逆
「起こる事象」：緩み、脱落

図 4.41　工程 FMEA へ過去トラ反映

ます。

　このようなねじ締不具合は、先読みのできる製造部であれば、治具で挿入してからねじ締めしてくれるので、設計図面で「治具を作って挿入してからねじ締め」と指示しなくてもやってくれます。しかし指示されたこと以外はほとんど実施しない場合、図面指示が必要となります。

　「故障モード」は、起こり得る「工程設計に対する違反」を記載します。段取りの間違い、作業ミス、機械の故障などである。作業のしやすさ (Man)、必要な治工具・方法 (Method)、機械・設備 (Machine)、手袋やメガネなどの備品や副資材・材料 (Material)、検査に必要な測定器具 (Measurement) 作業環境・設備スペース (Environment) など、5M1E に関わるポイントでの工程上の問題点を抽出します。

　例えば図 4.43 の最初の「段取り替え」の事例では、締付トルクの精度が必要な場合、トルクレンチを使うことになります。類似製品の場合

4.4 製造工程での不具合事例集の使い方

プロセス		機能	故障モード	要因	起こる事象	システムへの影響	対策
工程	作業名						
部品A取付・ねじ締め工程	段取り替え	類似製品の工具・治具取り換え	・低トルク締め ・ねじ切れ	トルクレンチ設定忘れ	緩み脱落	ガソリン漏れ 火災	設計にトルク統一申入れ
	製品を治具にセット	製品を治具に固定する	なし				
	水ずまし(部品供給)	組付け部品を供給する	部品異品	勘違い	組付かない		ポカ除け検討
	部品A取り出し	部品取出し	なし				
	部品A挿入セット	部品を正しく挿入する	・担いで セット・のり ケガき切れ	手作業で挿入不十分	緩み脱落 漏れ	ガソリン漏れ 火災	担が/治具で挿入
	ねじ整列機	ねじ取出し(整列)	整列出来ず	機械○○○故障	組付け出来ず		段取後チェック
	ねじ取出し	ねじ取出し	なし				
	ねじ締付工具	正しいトルクの締め具	低トルク締め	・エアー圧不足 ・老朽化でエア圧低下	緩み脱落	火災	エアー圧チェック確認 レンチルクチェック確認
	ねじ締め	正しく締付	傾き締め	締回数不足 本締順序逆	緩み脱落	火災	指名必須作業指定

図4.42 過去トラを反映した工程FMEA

以下の作業では
エアー式ナット
ランナーを使い
ますが、トルク
レンチを使う場
合の事例

過去トラの反映

要因の事例

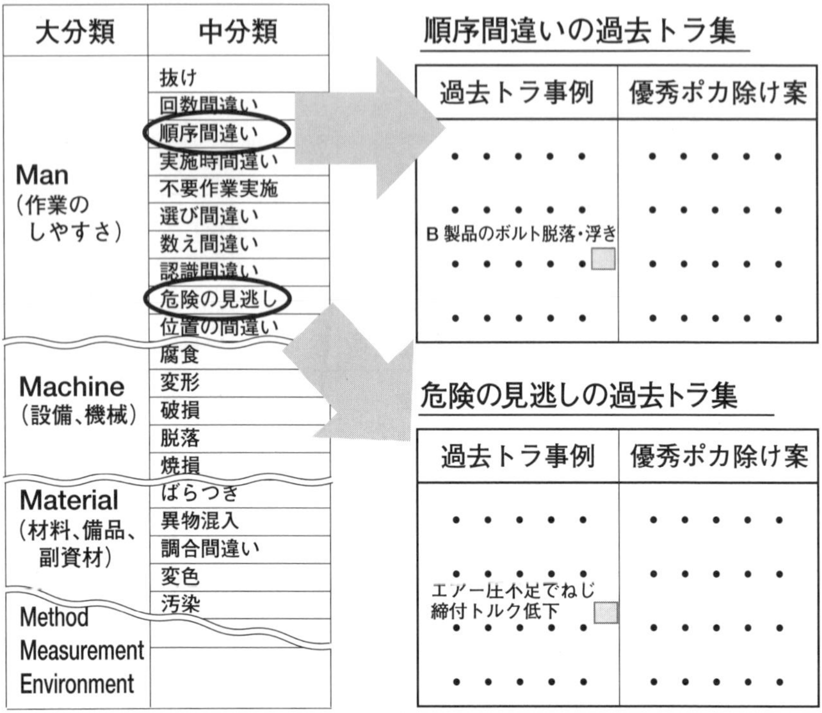

第4章　過去トラ集の使い方

大分類	中分類
Man （作業の しやすさ）	抜け
	回数間違い
	順序間違い
	実施時間違い
	不要作業実施
	選び間違い
	数え間違い
	認識間違い
	危険の見逃し
	位置の間違い
Machine （設備、機械）	腐食
	変形
	破損
	脱落
	焼損
Material （材料、備品、 副資材）	ばらつき
	異物混入
	調合間違い
	変色
	汚染
Method Measurement Environment	

順序間違いの過去トラ集

過去トラ事例	優秀ポカ除け案
・　・　・　・　・	・　・　・　・
・　・　・　・　・	・　・　・　・
B製品のボルト脱落・浮き	・　・　・　・
・　・　・　・　・	・　・　・　・

危険の見逃しの過去トラ集

過去トラ事例	優秀ポカ除け案
・　・　・　・　・	・　・　・　・
・　・　・　・　・	・　・　・　・
エアー圧不足でねじ 締付トルク低下	・　・　・　・
・　・　・　・　・	・　・　・　・

図 4.43　5M1E の過去トラ集（再掲）

で、先に作った類似製品と締付トルクが違う場合、段取り替え作業の一つで、「段取り替え」の「機能」である、トルク設定を変えるという作業を忘れてしまう（Man 要因）と、「故障モード」の低いトルクで締め付けることになります。それによって「起こる事象」は、ボルトの緩み脱落で、「システムへの影響」は、ガソリンを封入しているので、漏れて火災になることが考えられます。よって、「対策」は、まず設計で標準化のため、締付トルクを統一してもらうことを申し入れることになります。それがだめなら、設定トルクの違うレンチを準備して、色分けなどでどのレンチかわかるようにするなど、対策しておかないと間違えてし

156

まいます。

　以下の事例説明は、トルクが統一され、エアー式のナットランナーで締め付ける場合で説明します。通常火災になるような重要工程にナットランナーは使いませんが、説明の都合上そうさせていただきます。

（4）　要因の記載

　故障モードの発生メカニズムを記載します。うっかりミスの発生メカニズムは、ポカミスであり、ポカ除けが必要になります。

　図 4.43 の「ねじ締付工具」の事例では、「故障モード」が低トルクで締めたとすると、その「要因」は、第 2 章の 5M1E の分類（図 4.43）で説明した過去トラ集に、エアー式のナットランナーでねじを締め付けるので、「エアー圧が低いために締付トルクも低くなる」という事例があることに気づきます。この原因は、毎日工場エアー圧をチェックしていなかったため、コンプレッサ不具合で圧力低下に気づかなかったのが原因でした。その他にも、ナットランナーが老朽化してトルク不足になる場合も考えられます。

（5）　起こる事象、影響の記載

　不良項目、クレーム、ケガ、コスト高、納期遅れ、環境汚染、その他を記入します。「起こる事象」は、そのプロセスの結果として起こる事象であり、「システムへの影響」は、起こりうる事象が発生したとき、設備や業務全体に起こりうる可能性がある悪影響を書きます。

　上記の「ねじ締付工具」の事例では、「起こる事象」はねじの緩み、脱落であり、「システムへの影響」は、車両に搭載するとガソリンが漏れることによる火災です。

第4章　過去トラ集の使い方

(6)　対策の記載

　故障モードの影響を軽減する対策、発生を防ぐ対策、大事に至る前に危険を検知して対処する対策などを記入します。

　「ねじ締付工具」の事例では、「対策」は①工場のエアー圧を毎日チェックしているか確認すること、②作業前にレンチのトルク検査を実施しているか確認するということです。また、過去トラを反映した「部品A挿入セット」の工程の対策は、手作業で挿入するのではなく、あらかじめ作成した治具を使って挿入することであり、「ねじ締め」工程の対策は、重要工程ですので、指名された作業者でないと作業できない工程に指定した、ということになります。

(7)　影響度（a）の記載

　図 4.44 に示すように、影響を軽減する対策が十分か不足か、点数で評価します。定量的に表現することは難しいので、ここでは、4段階でランク分けして評価する方法で行います。

　致命的4、重大3、軽微2、極小1

(8)　発生度（b）の記載

　頻度対策が十分かどうか、点数で評価します。

　頻繁に発生：4　時々発生：3　たまに発生：2　まれに発生1

(9)　重要度の記載

　重要度＝影響度（a）×発生度（b）を計算します。計算の結果重要度の高い点数の項目は、再度処置をします。

(10)　チーム活動の実施

　工程 FMEA も、チーム活動により、担当者の抜けを補うことができ

158

プロセス		機能	故障モード	要因	起こる事象	システムへの影響	対策	影響度	発生度	重要度	処置
工程	作業名										
部品A取付・ねじ締工程	段取り替え	類似製品の工具、治具取り換え	・低トルク締め ・ねじ切れ	トルクレンチ設定忘れ	緩み脱落	ガソリン漏れ火災	設計にトルク統一申入れ	4	2	8	
	製品を治具にセット	製品を治具に固定する	なし								
	水すまし(部品供給)	組付け部品を供給する	部品異品	勘違い	組付かない		ポカ除け検討	2	1	2	
	部品A取り出し	部品取り出し	なし								
	部品A挿入セット	部品を正しく挿入する	・担いでセット ・Oリング切れ	手作業で挿入不十分	緩み脱落漏れ	ガソリン漏れ火災	担がない治具で挿入	4	3	12	Oリング切れの対策実施
	ねじ整列機	ねじ取出易く整列	整列せず	機械の〇〇故障	組付け出来ず		段取後チェック	2	1	2	
	ねじ取出	ねじ取り出し	なし								
	ねじ締付工具	正しいトルクの締め具	低トルク締め	・エアー圧不足 ・老朽化でトルク低下	緩み脱落	火災	エアー圧チェック確認 レンチトルクチェック確認	4	1	4	
	ねじ締め	正しく締付	傾き締め	締回数不足 本締順序逆	緩み脱落	火災	指名必須作業指定	4	2	8	

図 4.44　工程 FMEA

ます。

「故障モード」、「要因」に抜けがあれば追記し、「対策」のまずさについては、処置欄に追記します。

（11）　工程 FMEA のまとめ

以上、筆者が考えた製造工程別過去トラ集、5M1E 別過去トラ集を使った工程 FMEA の作り方を解説しました。製造版の過去トラ集も、過去の自部署トラブルだけでなく、経験したことのない不具合事例や製造設備ノウハウなどを入れて、すべての不具合を網羅した不具合事例集にしてください。そうでないと、品質問題は減らせても、ゼロにはなりません。

第4章　過去トラ集の使い方

4.5　本章のまとめ ▶▶

　設計用の「FMEA 辞書」は、すべての不具合を網羅した不具合事例集です。設計者が量産用図面を作るまでには、いくつかの不具合事例集でチェックをする機会があります。多くの機会のうち1回だけでよいので、一つひとつまじめに不具合事例集でチェックをしてもらうのが、筆者のねらいです。そのために必要なことは、

① 人の能力、場面に合わせた使いやすい不具合事例集を作ること。

② レビュー会議やチーム活動は、第三者が開催案内を出し、やり方を改善して成果を挙げること。

③ チェックは開発の初期段階で実施する（開発課題は早く処置する）こと。

です。

第5章 ▶▶

過去トラ集の管理の仕方

　ここでは、第3章で説明した過去トラ集である、自部署で起こしたことのある過去トラ集(製品別過去トラ集)とあらゆる不具合を網羅した「FMEA辞書」、「キーワード集」、「マクロFMEA作成シート」の管理方法について解説します。

第5章 過去トラ集の管理の仕方

5.1 過去トラ集の管理 ▶▶

5.1.1 製品別過去トラチェックシート

　本章は、どのメーカーでも行われている、過去トラ集の管理方法について説明します。筆者が所属していた事業部でも、FMEA辞書とは別に、製品別過去トラ集を各設計室で管理していました。しかし、新しいトラブルを反映させることを忘れたり、何カ所かに保存されたり、どれが最新版かわからないケースが多くありました。過去トラの反映をする人を決めて、毎年反映する設計室もありましたが、忙しいと後回しになってしまいます。そこで、各設計室の過去トラ集をFMEA辞書の中に入れ、第三者である筆者が毎年年末に、新規過去トラを反映した改訂版を出すようにフォローすることにしました。それを示したのが、**図5.1**です。

5.1.2 FMEA辞書の管理

　FMEA辞書をメンテナンスする情報としては、新規過去トラ、新設設計基準、設計に役立つ情報、新規基盤技術などがあります。過去トラは、まず自職場の過去トラ、他職場の過去トラ、他社の重要品質問題情報などがあります。筆者の所属していた会社では、他職場の過去トラなどは、全社の品質を管理している品質管理部が各部の部長、筆者の品質リーダーに配布するシステムとなっており、その中でも特に、重要品質問題など他部でも同じ故障が起きる可能性のあるものは、見直し指示が出ていました。これらの情報は、まず筆者が毎月主催し、課長以上が出席する部の品質会議で紹介し、部員全員へメールで通達します。その後、以下で説明する道具のメンテナンスを実施していました。

162

5.1 過去トラ集の管理

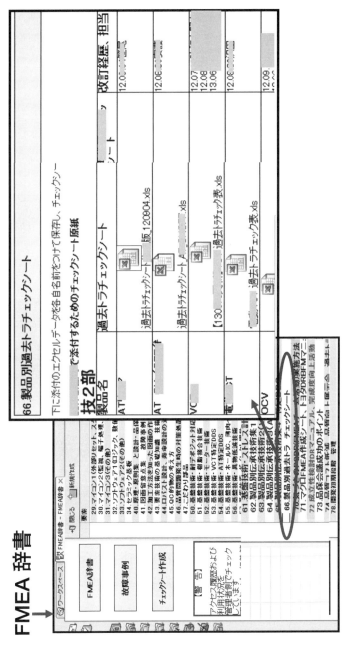

図 5.1 製品別過去トラチェックシートの管理

第5章　過去トラ集の管理の仕方

（1）　新規過去トラ他のメンテナンス

　新規過去トラは A4 1 枚にまとめて、FMEA 辞書の故障事例機能に入れます。その後、**図 5.2** の上側の FMEA 辞書詳細画面の当てはまる箇所に追記します。

　当てはまる箇所がなければ、新規に行を追加します。登録されている過去トラとよく似た不具合は、製品別の故障事例機能に登録するだけで、FMEA 辞書機能には登録しません。わかりやすいほうを登録します。

　チェックシート作成機能のチェックシート他は改訂しません。新規過去トラ追加のたびに、チェックシートや下記キーワード集もすべて改訂したほうがよいですが、非常に手間がかかるため、年末に一括処理していました。一括処理のほうが、時間のある時にできるので、やりやすくなります。処理方法は、図 5.2 に示すように、FMEA 辞書詳細画面を PC の上画面に表示し、下側にチェックシートを表示させます。両者を見比べると、チェックシートに反映されていない今年の新規過去トラがわかります。それをチェックシートに書き込みます。そのとき、故障メカニズムと故障モードをメモしておき、それをキーワード集などに反映します。

　設計に役立つと思われる新設設計基準、設計情報、新規基盤技術などは、筆者の判断で、その都度 FMEA 辞書に入れていました。**図 5.3** が設計に役立つ情報の反映事例です。事例では、電子回路の FH（fire hazard）チェックシートとソフトウェアの再発防止チェックシートが追加されています。

（2）　キーワード集、マクロ FMEA シートのメンテナンス

　図 5.4 は、メモしておいた故障メカニズムと故障モードの文言集をキーワード集に反映させた事例です。

5.1 過去トラ集の管理

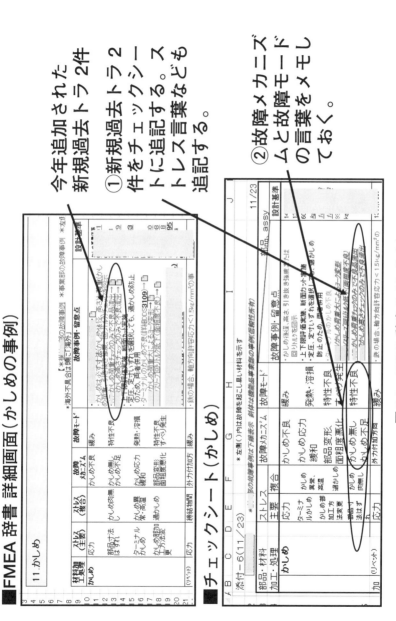

図 5.2 FMEA辞書のメンテナンス

第5章 過去トラ集の管理の仕方

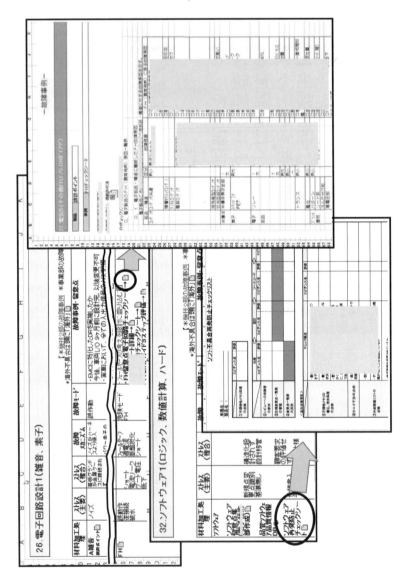

図 5.3 設計に役立つ情報例

5.1 過去トラ集の管理

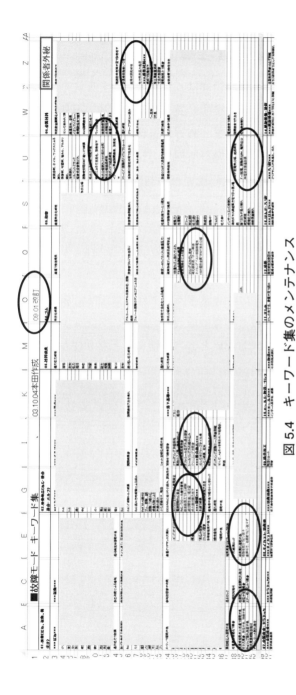

図 5.4 キーワード集のメンテナンス

第5章　過去トラ集の管理の仕方

5.2　不具合事例集の管理者 ▶▶

　不具合事例集（含む過去トラ）の管理は、管理の担当者を決めて一人で判断して行ったほうがよいと思います。多人数でやると、不具合事例集に入れるかどうかの判断、資料のまとめ方、言葉などにばらつきが出て統一性のないものになります。不具合事例集の作成自体は担当設計者が作成する場合でも、不具合事例集作成要否の判断や内容の確認などは、特定の人が実施すべきです。

5.3　本章のまとめ ▶▶

　不具合事例集は、毎年メンテナンスすることが重要です。帳票類や管理ソフトなど、作っても長続きしない原因の一つが、メンテナンスされないことです。メンテナンスしないと、古い情報集となり使われなくなってしまうのです。

第6章 ▶▶

ソフト面（人、業務管理、ルール）の改善

　品質問題の発生原因にはさまざまな側面があり、不具合事例集でのチェックや DR での議論などのハード面の歯止めだけでなく、人、労務管理、ルールなどのソフト面の歯止めをしないと、品質問題をゼロにできません。本章では、品質問題に対するソフト面の改善をした事例をいくつか説明します。

第6章　ソフト面(人、業務管理、ルール)の改善

6.1　ソフト面の改善 ▶▶

　よい仕事をするには、常に問題意識(好奇心)を持って仕事をすることが重要です。問題意識を持って仕事をすればするほど仕事は面白くなっていきます。いつでも「もっと何とかできないか」という意識で仕事にあたれば、よい知恵を思いつきます。ソフト面の改善ができたのも、常に「品質問題を反省し、もっと何とかできないか」という意識で仕事をした結果です(**表6.1**)。

　表6.2は、不具合のさまざまな発生原因から、人材育成、マネジメント技術の改善の実施項目をまとめたものです。右半分に実際に品質問題を起こして反省した事項が、左半分にそれぞれの反省事項に対応した改善事項が書いてあります。

　代表的なものについて、以下に少し詳しく説明します。例えば　番上

表6.1　気づきを支える管理の仕組み改善

品質問題がなぜ起きたのか反省すると、

ハード面の歯止めのみでなく、
ソフト面の改善をしないと予防品質は不可能
=
品質問題の多くは、設計者の問題ではなく、
ソフト面が原因であることが多い

人材育成、マネジメント技術、しくみ(ルール、会議体)の改善必要

FMEA 辞書に記載

表6.2　人材育成、マネジメント技術の改善

改善項目		品質問題反省点
人材育成	■ルール 　　設計業務一覧（開発ステップ順のルール、帳票） ■伝承技術集（基盤技術） 　　共通技術、製品特有技術（専任化作成） ■設計者基礎教育集 　　　　**原理・原則** 　　　　**図面留意点集** 　基礎　加工方法を知った図面の作成 　　　　要素技術の基礎知識 　　　　新規点、使用環境把握 　　　　品質問題、対策処置手順 　　　　説明資料の作り方 　　　　設計の当たり前 　　　壊れ方、ロバスト、寿命設計、QC関係技術集	ルールを知らなかった 伝承技術が後輩に伝わらず アルミに鉄を圧入して抜けた 作り方知らず、プレスR外側に指示した 溶接の禁止事項知らずに設計 使用環境把握不足で問題発生 再現試験せずに対策して再発した 壊れ方がよくなかった 使用環境温度が5℃アップで異常 製品寿命がなく長期大量不具合 ばらつきを考えていなかった
マネジメント	■部下指導力、課題解決能力 　　質の高い目標設定 　　課題解決のストーリー 　　計画システム連携（スペック成立性表） 　　仕事の振り返りマニュアル 　　週一フォロー ■品質議事録 　　指摘事項処置フォロー	業務課題を放置された 目標設定に誤り、課題になっていない 評価NGの調査から対策の手順なし 製品制約条件オーバーで使用された 品質問題対策処置が遅い 同じミスを繰り返す 指摘事項の処置をせず

のルールは、問題を起こすたびに改訂や新設するのが普通ですので、たくさんのルールができます。その「ルールを知らなかったため」、品質問題を起こしたので、「設計業務一覧」というシステムを作りました。

6.2　人材育成の改善事例 ▶▶▶

6.2.1　ルールの周知徹底

　設計基準やルール（規程）は、どこに何が書いてあるのかよくわからないというのが、どの会社でもありがちな問題だと思います。わからなければ、自己流にやってしまうのが常です。そこで、設計の開発手順に沿って必要なルールをまとめたものを作りました。それを**図6.1**に示しま

171

第6章 ソフト面(人、業務管理、ルール)の改善

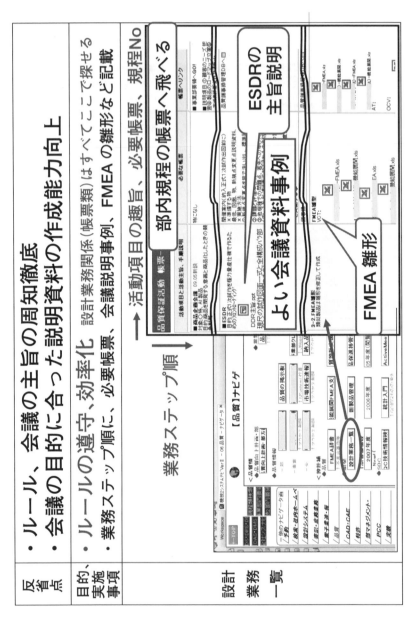

図6.1 ルールの周知徹底

す。

縦軸が業務ステップ順で、横軸が活動項目の趣旨、必要帳票、ルール（規程）が書いてあります。例えば、開発企画段階の「商品企画会議」は将来の市場予測をして、こんなパイがあり、こんな差別化したものがあれば、こんな顧客に売れ、事業化できるということを報告、議論する場です。こう書かれていても、一般の設計者は、どのような説明資料を作ればよいのか途方にくれてしまいます。しかし、よい説明資料の事例を載せておくと、それを真似して説明資料を作ることができます。一から作れと言われるとなかなかできませんが、よい事例を真似て作るとすぐに理想的な説明資料ができます。不完全な説明が原因で、会議のやり直しになることを防ぐための改善策の一つにもなります。事例では、この後説明する ESDR の項目であり、ESDR とは何を議論する会議か、よい説明資料の事例があり、ルールはどこにあるかわかるようになっています。

6.2.2　伝承技術（基盤技術）

「FMEA 辞書」には、各製品の設計ノウハウである基盤技術集も入っています。品質問題をゼロにするには、不具合事例集だけでなく、設計のノウハウ集も必要になります。

伝承技術については、すでに第 3 章の図 3.8、3.9 で説明したように、事業部でよく使う共通技術は、最も詳しい者を 1 年間専任化して、まとめてもらいました。製品技術については、第 3 章の図 3.10 に示したように、新規製品を開発した者は、量産開始後 3 カ月間で製品ノウハウをまとめ、FMEA 辞書に記載することをルール化しました。

技術力とは、どこに何が書いてあるか広く知っていて、それを理解し、使え、さらには知恵が出せる能力だと考えています。知識がないと、知恵も出なければ、工夫もできません。「確かどこかに書いてあったな」

第6章　ソフト面(人、業務管理、ルール)の改善

と思い出せればよく、すべてを丸暗記する必要はありません。すぐに知識の詳細が確認できる環境を整備すればよいのです。

6.2.3　設計者の基礎教育集

　会社では、階層ごとに必要な一般教育は当然、実施しています。しかし、会社の教育は座学が中心で、なかなか身につきにくいという問題があります。そこで、筆者を含む各事業部の経験豊富なプロが集まって、新入社員の教育の仕方を変えたことがあります。方針は、教育資料の作り直し(会社の製品を使って説明する資料とし、説明時その製品を準備する)と、必ず実習を重視して説明を構築する、というものでした。しかし、事業部特有の製品に関する教育は不十分です。そこで設計の常識を知らない経験の浅い設計者、製造方法を知らずに図面を書く経験の浅い設計者のための教育などが必要となります。

　図6.2は、「アルミと鉄の線膨張差を知らなかったため、アルミに鉄を圧入して抜けてしまった」といった、設計者として知っているべき原理原則集や、「プレス部品の曲げRの寸法指示は内側にすべきだが、外側に指示した」といった、製造方法を知らずに図面を書く経験の浅い設計者のための図面留意点集などの教育資料を示しています。

　図面留意点集は、常に図面チェックをしている筆者らの品質リーダーが集まって作りました。製品を自動車メーカーに納入する前に、承認図を車メーカーに提出しますが、承認図に例えばこの製品は100℃以下で使用してくださいと書いてなくて、自動車メーカーが150℃で使って壊れた場合、製品メーカーの責任となります。承認図に書いてあれば、自動車メーカーの責任になります。このようなことは、一般的な製図教育では実施されないので、別に必要となります。

6.2 人材育成の改善事例

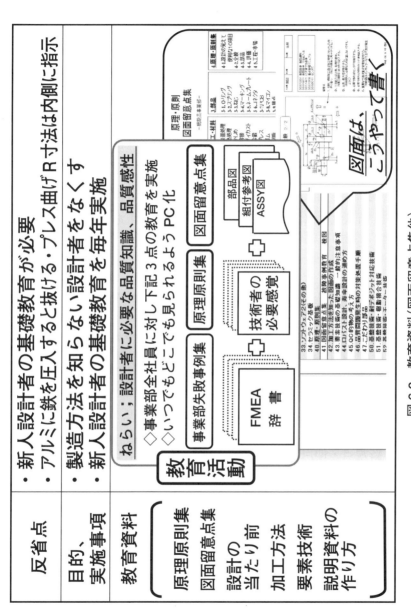

図 6.2 教育資料（図面留意点集他）

第6章　ソフト面(人、業務管理、ルール)の改善

(1)　加工方法を理解した図面の作成

　図6.3は加工方法を知らない設計者のための、詳細説明資料です。

　切削、プレス、ダイカスト、金型鋳物、溶接、焼結、樹脂モールドなどの「図面作成時のポイント集」をFMEA辞書に記載しました。例えば樹脂成型品は寸法精度があまりよくなく、図面に寸法公差をミクロン単位や1/100mm単位で書かれると、成型した後切削することになります。これでは、樹脂で作る意味がなくなってしまいますので、樹脂の公差はどのくらいにするべきか書いてあります。

　その他にも、加工方法を知ってもらうため、自分の担当製品の組み付け工程、仕入先の部品加工の工程を見て、レポートを書いてもらうという教育も実施していました。

(2)　要素技術の基礎知識

　ステンレス鋼の溶接で、ある問題を起こしたことがあります。ステンレスは溶接したら、急冷しないと、鋭敏化という現象(Cr欠乏層の形成)が起き、粒界腐食(激しい腐食損傷を受ける)してしまいます。

　そのため、図6.4に示す、最低限の設計者の知識や一般的注意事項をリスト化し、FMEA辞書に入れました。

(3)　新規点・使用環境の把握、抜けのないストレス把握

　昨今、グローバル化がますます進み、市場が新興国へ広がる状況にあり、顧客ニーズと製品の使われ方、使用環境条件の把握は徹底的に行う必要があります。そのため、筆者の所属していた会社では、全社組織の品質管理部が、世界中の気候から、使用環境条件に至るまですべてを調べたデータベースを作成し、これを活用して設計に役立てています(図6.5)。例えば、中国で有名なのが、黄砂による被害、柳絮と呼ばれるポプラの木の種子による被害です。

176

反省点	・経験の浅い設計者に製造方法の基礎教育が必要 ・製造方法の熟知（切削研削加工品は横に書く、樹脂部品の精度）
目的、実施事項	・製造方法を理解して図面が書ける ・新人の育成
加工方法を理解した図面作成	1. 設計者が疑問に思ったらすぐ確認できるシステム 　図面作成時のポイント集を記載 2. 教育 　(1) 自製品工程調査活動 　　自製品の組付け工程、仕入先プレス 　　工程を見てレポートを書かせる 　(2) 図面留意点集教育

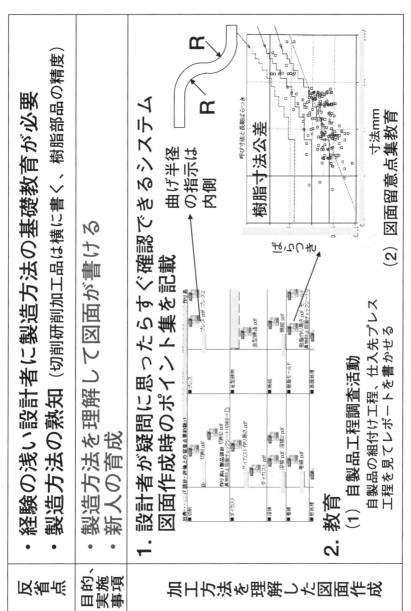

図 6.3 加工方法を理解した図面作成

第6章　ソフト面（人、業務管理、ルール）の改善

反省点	・初採用技術の基礎教育が必要 　ステンレスを溶接し、鋭敏化現象発生、激しい腐食
施策目的、実施事項	・要素技術の基礎知識を知ってから、設計 ・溶接のイロハを勉強できる環境にする
要素技術の基礎知識	一般設計基本（最低限の設計知識）、一般的注意事項をリスト化

最低限の設計者の知識

1. 使用環境基準
2. 寿命設定基準、寿命基準値、寿命評価方
3. 強度基準
4. 耐電圧基準
5. 耐温・温度基準
6. 騒音基準
7. その他機能性能基準
8. サービス性ガイドライン
9. 安全基準
10. 締め方設計基準
11. 設計上の留意点（機械要素部品）
12. 設計上の留意点（接点）
13. 設計上の留意点（電気機械部品プラン）
14. 設計上の留意点（ゴム）
15. 設計上の留意点（プラスチック/樹脂）
16. 設計上の留意点（絶縁・合成）
17. 設計上の留意点（注型）
18. 設計上の留意点（接着）

一般設計基本-DDS1301.doc

一般的注意事項

1. マイクロコンピュータ使用上
2. 冷間鍛造部品
3. 曲かしめ設計上
4. 表備め部品設計上
5. スェーキング及びツールかしめ設計上
6. プラスチック部品設計
7. 全刃対鋳造部品設計
8. ガイス入鋳造部品設計
9. 粉末鋳造部品設計
10. プラスチック部品設計
11. 水晶振動子使用上
12. リベットかしめの選定上
13. バリレップ加工
14. オートレなじ用第一工程バーリン
15. プレス抜き部品設計上
16. プレス曲げ部品設計上
17. プレス絞り部品設計上
18. ファインブランキング加工部品設
19. プレス全型リードフレーム設計上
20. かしめのための積層部品設計
21. プレス加工上検加工材選定
22. かしめ溶加工材選定
23. 薄板バリ取り部品設計
24. 電磁誘導加熱部品設計
25. 電解気取り部品設計
26. 溶接部品設計
27. レーザ溶接部品設計
28. ヒュージング部の光設計
29. アーク溶接による被膜線端末接合部品設計
30. 超音波溶接用樹脂部品設計
31. 熱可塑性樹脂の熱輻射、熱版溶接上

一般的注意事項.doc

*WORDの中の設計
基準番号をクリック

図 6.4　要素技術の基礎知識

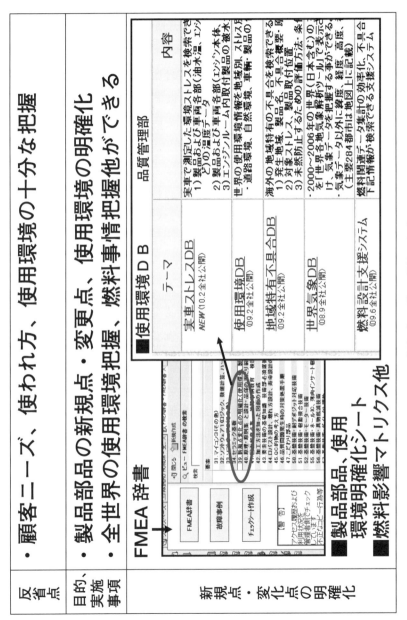

図 6.5 新規点、使用環境の把握

第6章　ソフト面(人、業務管理、ルール)の改善

　製品はストレスがかからなければ壊れません。設計でよく問題になるのが、安全率はいくつ取っておけばよいのかということです。安全率は、ある故障に対するストレスや要因がどのくらい把握されているかで異なります。例えば、ばねの折損に対しては、通常ほとんどの要因がつかめている場合が多いので、安全率は1.3以上あれば問題ないと言えます。しかし、すべての要因がつかみきれてないケースもあり、そういう場合は2以上の安全率確保が必要となります。場合によっては、2以上取ってもダメな場合もあります。**図6.6**には、抜けのないストレス要因を把握し、定量化できないストレス要因があれば、これを誰にでも見える化し、皆で最良の解決策を考え対処するための手法が記載してあります。今までは定量化できない要因(図6.6の測定、推定が困難な要因)は説明せず、耐久試験で問題がなければ、OKとしていました。5～6台の耐久試験では、たまたまよかっただけであり、問題を後で起こすというのが常であり、耐久試験は念のための確認くらいしかできません。定量化できないストレス要因を表面化して、皆でここまで確認しておけばよいということを決め、共有する必要があります。

(4)　品質問題の対策処置手順

　市場で品質問題が発生した場合、早期発見、早期処置をしないと大変なことになります。例えば、毎月40万台生産している製品の場合、1日対策処置が遅れると、1日当たり2万台の不良品が世の中に出ていってしまうからです。不具合を体験したことのない経験の浅い設計者には、**図6.7**に示す品質問題対策処置手順の教育を実施しています。この手順は、航空機が墜落した場合の航空機事故調査と同じです。

　大切なのは、以下のことです。

　①　市場不具合の壊れ方の見極め

　これは、火災や人災に関わる故障かどうかを明確にすることです。異

6.2 人材育成の改善事例

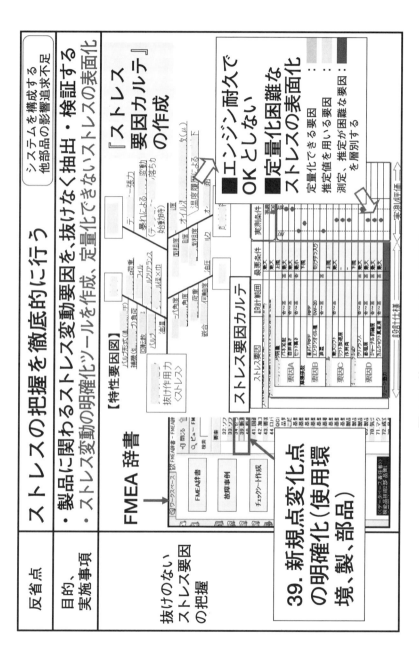

図 6.6 抜けのないストレス把握

第6章　ソフト面(人、業務管理、ルール)の改善

反省点	・対策の再発防止・対策処置の短期間化
目的、実施事項	・確実な処置を早期に行う　この手順は、航空機墜落事故調査と同じ ・品質問題対策処置手順の教育実施
品質問題対策処置手順	設計者の中には、意外に下記手順を知らない人が多い 1. 不具合発生状況調査 　不良率、不具合までの時間、壊れ方、壊れると火災となるか命にかかわる故障となるかあらゆる可能性を探る。 2. 不具合品の調査 　マクロ観察、ミクロ観察、寸法、材質調査等 3. 原因の推定 　FTA等を使用して、あらゆる可能性を挙げる 4. 再現テスト 　推定原因の立証 5. 不良率の推定 6. 対策 　対策案の検討、対策法の決定 7. 対策効果確認 　不良率＝0となるか 8. 対策日程の立案 FMEA 辞書 基盤技術集

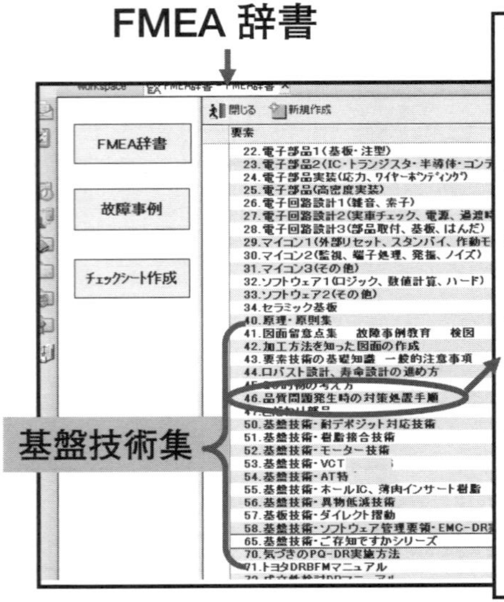

図 6.7　品質問題対策処置手順

音がする、振動が大きいなどの故障形態なら、時間をかけて対策しても
よいですが、火災や人災の場合には、すぐに対策する必要があるからで
す。

いくつかの考えられる原因を一つひとつ潰していき、これに間違いな
いという原因がわかったら、次の段階へ進みます。

② 必ず再現テストを実施する

再現テストを行います。再現テストとは、推定原因に間違いないか、
原因の立証を行うことです。

③ 対策効果を確認する

本当に不良ゼロになるか、確認することです。そうでないと、対策し
たのに再発するという事態に陥りかねません。

(5) 説明資料の作り方

経営者による次ステップ移行承認会議の中で、「突然、降って湧いた
ように評価項目が出てくる。なぜその評価項目でよいのか、他に重要な
評価項目があるのではないか」という指摘を受けて、会議がやり直しに
なったことがありました。そこで、よい説明資料の事例をもとにしたプ
レゼンテーション技術だけでなく、その製品の課題の出し方、課題解決
の説明手順などをまとめた資料を作りました（図6.8）。また、いざ承認
会議の説明資料を作りだすと、足りない実験データが多数あり、あわて
てデータを取るということを避けるため、承認会議で説明することを考
慮して実験データを取るといった注意事項などが記載されています。

(6) 設計の当たり前集

図6.9に示す、「設計の当たり前集」は「そんなことは当たり前だろ
う」と言って叱る場面が増えたことを踏まえ、全技術部長が力を合わせ、
1年をかけてまとめたものです。「プロの設計者とは」、「設計のあるべ

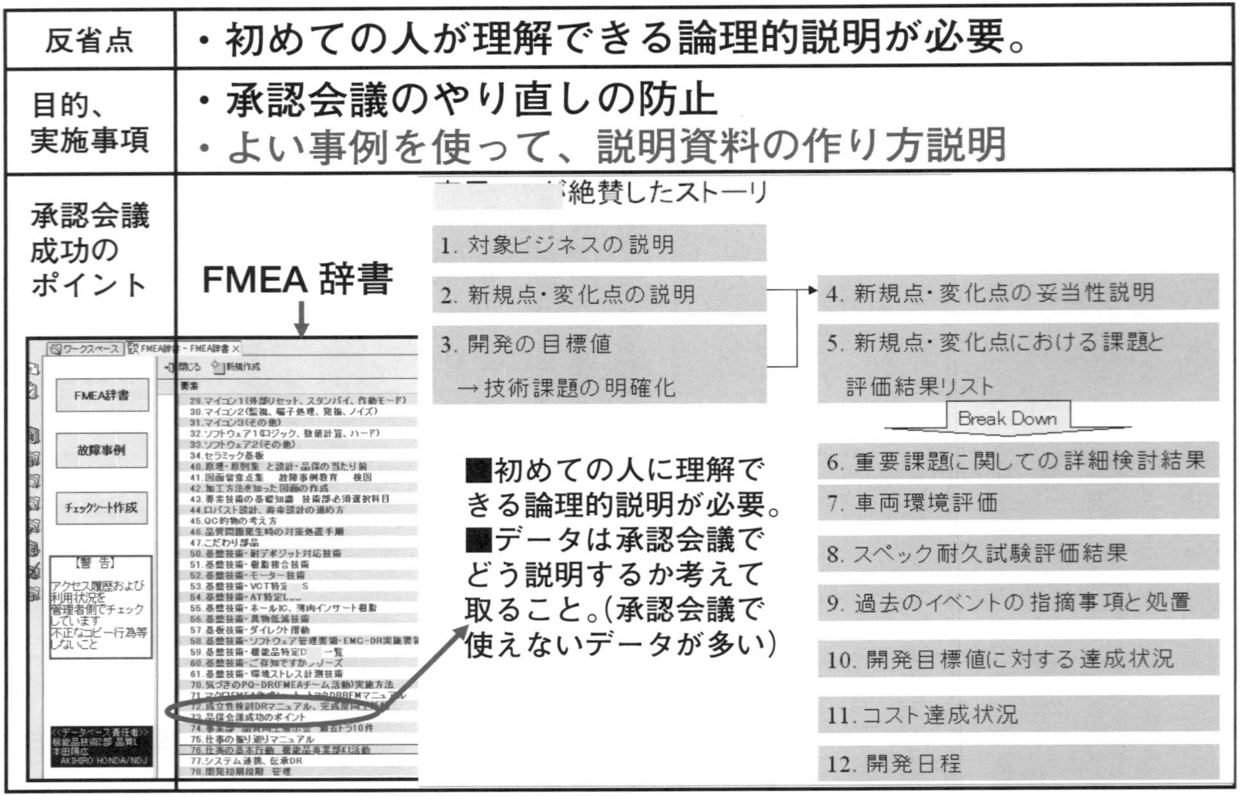

第6章　ソフト面(人、業務管理、ルール)の改善

反省点	・初めての人が理解できる論理的説明が必要。
目的、実施事項	・承認会議のやり直しの防止 ・よい事例を使って、説明資料の作り方説明
承認会議成功のポイント	1. 対象ビジネスの説明 2. 新規点・変化点の説明 3. 開発の目標値 　→技術課題の明確化 4. 新規点・変化点の妥当性説明 5. 新規点・変化点における課題と評価結果リスト　Break Down 6. 重要課題に関しての詳細検討結果 7. 車両環境評価 8. スペック耐久試験評価結果 9. 過去のイベントの指摘事項と処置 10. 開発目標値に対する達成状況 11. コスト達成状況 12. 開発日程 →一貫したストーリー ■初めての人に理解できる論理的説明が必要。 ■データは承認会議でどう説明するかを考えて取ること。(承認会議で使えないデータが多い) FMEA辞書　故障事例　チェックシート作成

図6.8　説明資料の作り方

6.2 人材育成の改善事例

反省点	・「設計の当たり前」を周知徹底 設計者の判断やーつーつの仕事の質の向上
目的、実施事項	・「設計の当たり前」の定着と徹底(全社活動) ・各設計室ミーティングで、一つずつ議論する
設計の当たり前集	・プロの設計者とは何か　・設計のあるべき姿 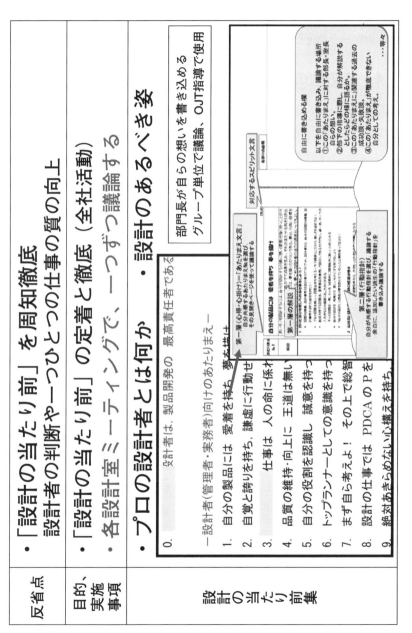

図 6.9　設計の当たり前集

第6章 ソフト面（人、業務管理、ルール）の改善

き姿とは」について、各設計室のミーティングで「設計の当たり前集」の記載事項一つひとつを議論することになっていました。

6.2.4 その他の人材教育

設計者は、材料、加工、処理や電子回路設計のノウハウだけでなく、製品の寿命予測などの知識も必要です。図6.10には、壊れ方設計、寿命設計、ロバスト設計とは何かという、それぞれの説明資料と具体的な実施事例が記載されています。

「壊れ方設計」とは、製品が壊れたとき、人命にかかわる故障形態とならないように、故障モード、車両への影響を明確化し、リスク低減策を検討することです。その後、多少使用環境が変わっても壊れない設計をすることを意味する「ロバスト設計」を実施します。最後に、ワイブル確率を使ってその製品が何年、何万km走行に耐え得るのか「寿命設計」を実施します。ワイブル確率を使って意図した製品寿命になっているかを証明するには、大量の耐久試験試料が必要です。しかし、毎回大量の工数をかけるわけにはいかないので、少数の試料から推定する統計的方法、具体的事例などが記載されています。

長期間使用後に不具合が発生すると、長期大量不具合になる可能性が高くなります。それを回避し得る事前の「寿命設計」は、必要な技術です。

また、設計不具合の発生原因の60%が設計・評価段階での「ばらつき」の認識・検討不足であるといわれています。とにかく初めが肝心で、後工程になればなるほど大規模なばらつき対策が必要となるため、QC（品質管理）の知識に関するノウハウも記載されています。

図6.11は、「壊れ方設計」の事例を示すもので、リスク低減策としては、構造を変更したり、保護機能を付加したり、冗長設計、事前警告とか予見性をもたせるなどがあります。事例には多極コネクタの構造を変更した事例が記載してあります。＋端子と－端子が隣接した一体コネク

6.2 人材育成の改善事例

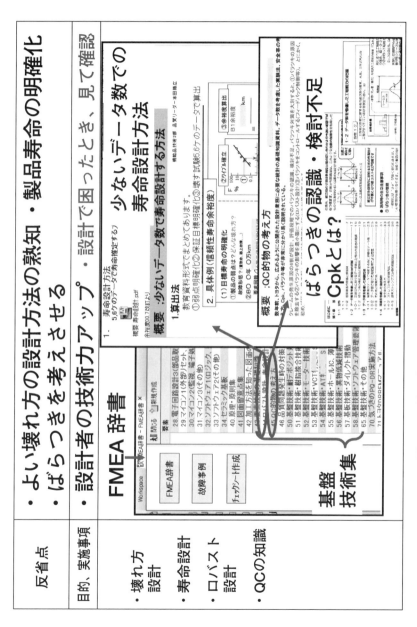

図 6.10 壊れ方、寿命設計、QC 的ものの考え方

第6章 ソフト面（人、業務管理、ルール）の改善

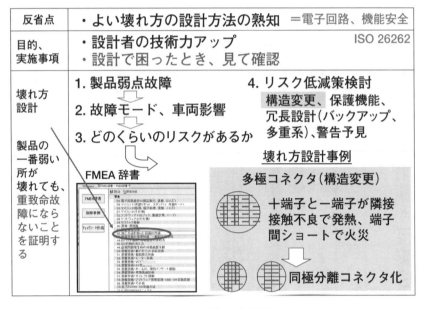

図 6.11 壊れ方設計

タでは、接触不良で発熱し、コネクタが溶けて端子間でショートすると火災になります。これを＋端子のみのコネクタと－端子のコネクタに分けることにより、ショートによる火災を防ぐことができます。

6.3 マネジメント技術の改善事例 ▶▶

　業務管理とは、一言で言うと、少ない人、物、金で最大限の成果を挙げることです。そのためには、管理者は智恵を出し、工夫しないと、成果は出ません。管理の仕方が悪くて、品質問題を起こしたり、被害が大きくなったりすることがあります。

6.3.1 部下指導力、課題解決能力

(1) 業務計画シート

図 6.12 は、グループリーダーの指導力を上げ、質の高い仕事ができるようにする活動を示します。どの会社でも起こりうる問題、例えば、自分の仕事優先で部下育成の機会低下、コミュニケーション不足による課題未解決場面の増加などのための解決方法です。

「業務計画シート」は、仕事の基本である業務の目的、目標、課題、課題解決ストーリー、期限を整理するため、業務を行った結果が、期待していた目的、目標と違っていて、業務のやり直しになることを防ぐ道具です。例えば、簡単な実験を行う場合、実験の目的を明確にし、得たい実験結果グラフのイメージ図などを書けば、実験課員に依頼するときにも使用できます。また大事なことは目的ですが、目的を教えないで、手順や規程、先例だけを教える人がいるのも現実です。まずリーダーが大枠を記述、担当者が詳細を書き、その後リーダーが赤ペンチェックをするという使い方をしていました。

図 6.13 はその成果を示しています。実際に実施して意見交換会をやった結果で、目的から解決ストーリーの立案の難しさと重要性の再認識ができたようです。

(2) システム連携

図 6.14 は、関係設計部署との情報交換を密にするシステム連携活動を説明しています。自動車を例にとって説明しますと、自動車はパワートレインやボディ、足回りなどの構成部品で成り立っており、設計部隊はそれぞれ異なります。エンジンでいえば、エンジン本体は自動車メーカーが設計し、そのエンジンに取り付ける部品は部品メーカーで設計します。部品メーカーで設計する部品でも、一部は他部署に設計してもらい、

第6章 ソフト面（人、業務管理、ルール）の改善

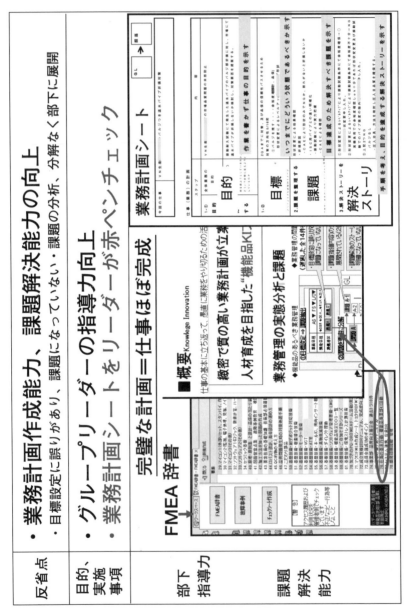

図 6.12 業務計画シート

6.3 マネジメント技術の改善事例

＜実施要領＞
日常業務の中で実際に使用し部下に業務指示
　　　　　　　↓
勉強会：実践結果の事例報告と感想を発表 ⇒
　　　　全員でよい点を共有、改善すべき点を指導

＜勉強会の結果＞
— 実施した感想例 —
・ストーリーを考えていたら目的が間違っていたことに気づいた
・この指示書を書いているうちに自分が何をしたいのか明確になった

— 意見交換、指導 —
・顧客の要求をそのまま作業せず顧客の要求にこたえる最適解を求めることを目標にしたのは非常に良い
・リーダーの思いがよく整理され部下に伝えられるので、そのあとの部下の理解度を業務計画を作らせて確認することが重要

— まとめ —
目的から解決ストーリーの立案の難しさと重要性の再認識ができた

図 6.13 部下指導力・課題解決能力の成果

第6章 ソフト面（人、業務管理、ルール）の改善

反省点	・納入先との抜けのない情報交換 ・構成部品（他部署設計）つなぎ部分の情報交換
目的、実施事項	・システム製品、関係部署との情報交換徹底 ・開発段階から、項目の明確化「スペック成立性確認表」
システム連携	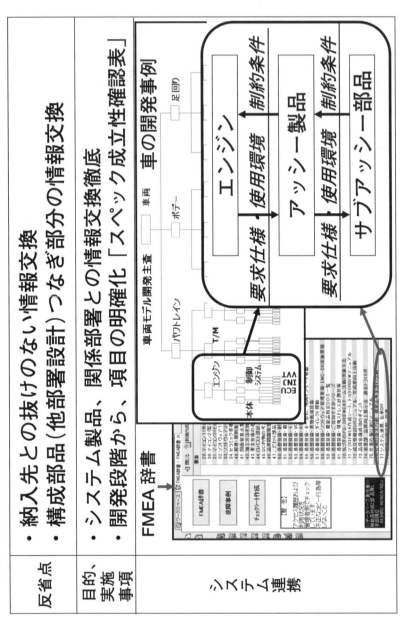

図 6.14 システム連携

アッシー（Assy）製品にする場合もあります。よって、システム連携活動でこの各設計間での情報交換をしっかり行わないと、大きな問題につながります。具体的には、納入先であるエンジン設計に、自社製品の制約条件を漏れなく承認図あるいは仕様書に明記し、設計不具合を起こさないようにしたり、下位の構成部品の設計部隊に対する要求仕様のあいまいさをなくし、構成部品の設計者からの部品注意点がアッシー製品の設計部隊に確実に伝わり、問題を起こさないようにしたりする活動です。

そのために、**図 6.15** に示す「スペック成立性確認表」が使われます。スペック（製品仕様）を決めることが設計業務の根幹であり、開発初期段階から、製品弱点に関する「設計保証値＞スペック＞システム制御・環境ストレス」の成立関係を明確にしていきます。この意味は、耐熱温度の事例で説明するとわかりやすいと思います。使用環境ストレスの最悪温度が 100℃ だとすると、図面に書く製品スペックは安全率を考えて130℃ とし、設計保証値は、将来の温度上昇を鑑み 150℃ で設計しておく、ということです。製品として成立させるには、①製品機能から性能スペック確認と、②信頼性（弱点）の確認が必要です。①はスペック成立性確認表、②は FMEA で表面化し確認するということです。

図 6.15 の事例では、エンジン設計に伝えるべき点がどこかわかるようになっています。製品スペックの一つである「漏れ流量」は、さまざまな要因で変わりますが、要因の一つがエンジン側の要因で変わる場合には、つなぎ部分の注意点として、そのことをエンジン設計に伝えなければなりません。

（3）　仕事の振り返り

図 6.16 は、品質問題の反省会のやり方を示したものです。重要な不具合に対しては、仕事の振り返りマニュアルを使って原因究明する必要があります。この目的は、仕事や不具合を事実で検証し、真の原因を明

第6章 ソフト面(人、業務管理、ルール)の改善

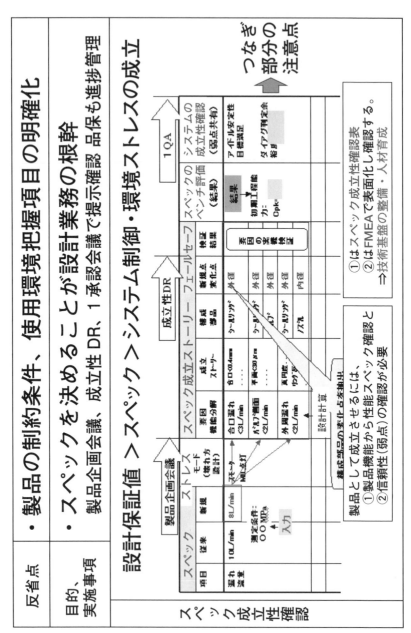

図 6.15 スペック成立確認表

6.3 マネジメント技術の改善事例

反省点	
目的、実施事項	・真の原因を把握して、確かな改善の効果 ・仕事、不具合を事実で検証し、職場改善を図る ・取組みの事実を示すエビデンスと年表で解析
仕事の振り返りマニュアル	隠しごとをしない。「仕事プロセス」「マネジメント」「人」の面まで深堀する。 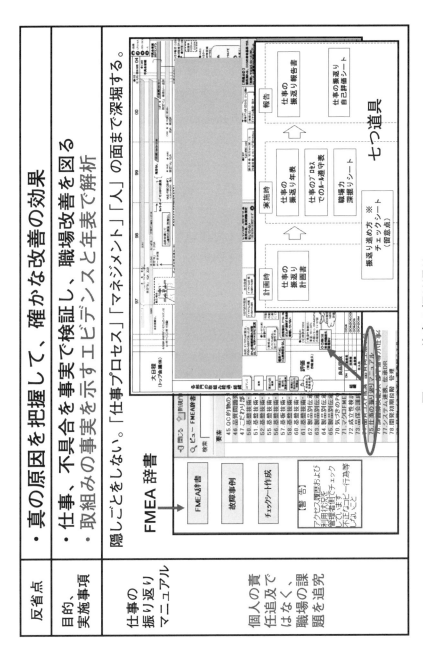
個人の責任追及ではなく、職場の課題を追究	

図 6.16　仕事の振り返り

第6章　ソフト面(人、業務管理、ルール)の改善

確にして、職場改善をはかることです。

　これを実施するときの条件は、個人の責任追及ではなく、職場の課題を追究することとします。このことは、個人の責任を追及した悪い事例で説明すると、わかりやすいと思います。例えば、ある問題の真の原因が、「ルールは知っていたが、やりにくかったので実施しなかった」であったとします。このとき、個人の責任を追及すると、このまま言うと責められるので「ルールを知らなかった」と言う人がいます。ルールを知らないことへの対策は、全部員にルールの再教育を実施することですが、真の原因への対策ではないため、これではまた問題が再発します。真の対策は、皆が関心を持って進んで使いたくなるように、やりにくいルールを変えることなのです。多くの場合、根本原因はマネジメントとそのしくみにあります。問題をオープンにできる組織文化づくりがねらいです。

　図6.16の事例では、開発初期段階から、取組みの事実を示す証拠資料と年表で、誰が、いつ、どんな資料で、OKを出したか解析を実施します。このための「七つ道具」もFMEA辞書に記載しています。

(4)　週一フォロー会

　市場クレームなどの品質問題は、処置が遅れると、膨大なリコール費用がかかってしまいます。基本は1週間以内に原因究明し、1カ月以内に対策処置するのですが、繰り返しフォローすることにより、確実な処置ができるようにしています。

　そこで、筆者が所属していた事業部では、図6.17に示す、「週一フォロー会」を実施していました。週に1回、市場クレームを起こした設計室長と品保部長、製造部長、技術部長、事業部長が集まり、いつまでに、誰が、何をするか決め、1週間後にフォローを繰り返す活動です。議題には、市場クレームだけでなく、納入不良や工程内異常、信頼性試験異

6.3 マネジメント技術の改善事例

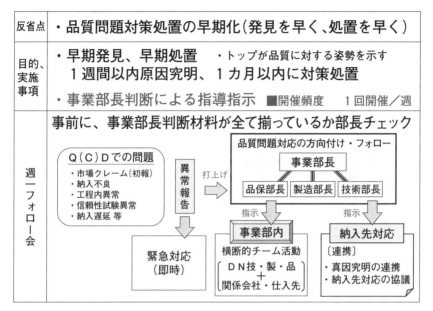

図 6.17　週一フォロー会

常なども取り上げていました。

6.3.2　品質議事録（指摘事項の確実な処理）

　筆者の所属していた会社では、すべての会議体の開催案内、議事録は、電子的に保存されるようになっており、承認を受けると、変更できないシステムとしていました。

　また、この承認システムは、図 6.18 に示すように、会議体の指摘事項が正しく処置されているかを管理する道具ともなっています。今までの会議体の指摘事項をすべてまとめ、次の会議体のときに指摘事項の実施状況を記載した書類を議長あるいは審議者に配布していました。開催案内の通知、議事録の作成、指摘事項のフォロー、すべてを品質リーダーである筆者が実施していました。設計者の事務仕事を減らし、節目会

第6章　ソフト面（人、業務管理、ルール）の改善

反省点	・指摘事項の確実な処置
目的、実施事項	・先回までの指摘事項処置状況確認 ・会議時、「先回指摘事項の処置状況表」を置く
品質議事録	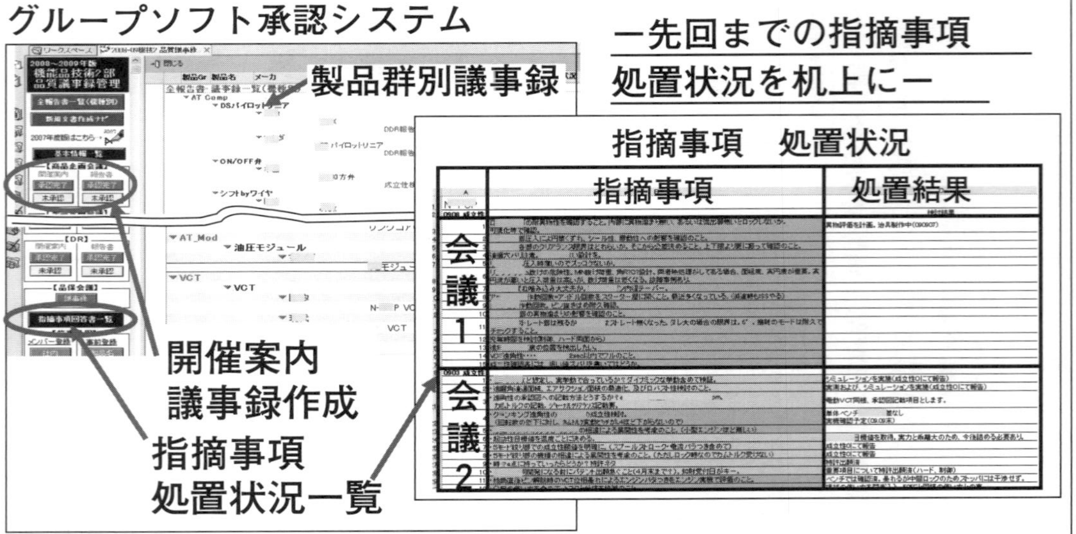 グループソフト承認システム　製品群別議事録 開催案内 議事録作成 指摘事項 処置状況一覧 ―先回までの指摘事項 処置状況を机上に― 先回までの指摘事項 処置状況

図6.18　先回指摘の処理状況チェック

議を確実に実施することに貢献していました。

6.4　しくみの改善事例 ▶▶

セミナーでよく受ける質問に下記があります。

「効率よく DR を実施する方法はないか」

「DR の回数が多すぎるのではないか」

などですが、DR を効率よく実施する方法はありません。皆で議論を重ねれば重ねるほど、よい DR、よい製品になります。

表6.3 は、しくみの改善結果をまとめたもので、右側が品質問題を起こした時の反省点が示してあり、真ん中が、反省点をふまえて創設あるいは、改訂された事業部独自の会議体の名称が記載されています。第 4 章で説明した「FMEA チーム活動」(PQDR)は、やり方を改善した事例です。その他に、成立性 DR(デザインレビュー)、ESDR(Early Stage Design Review)、耐久品精査会(RVA：Reliability Visual Audit)などを実施していました。

これらの会議体には、技術部長が参加します。重要な製品は事業部長も出席します。これらのしくみは、開発製品の新規度合により、実施の要否を分けています。

6.4.1　製品企画段階のしくみ改善

（1）　商品企画検討会

これは、図6.19 に示すように、開発ニーズを吸い上げ、商品化の早期方向づけをするための会議であり、新製品の開発を実施するかどうか決め、実施すると決まった製品は、今後どのように実施するか指導されます。図の「商品企画検討リスト」には、縦軸に開発製品名、横軸に自主開発のねらい・顧客要求内容、開発企画段階の商品企画会議、製品企

第6章　ソフト面（人、業務管理、ルール）の改善

表6.3　しくみの改善事例

会社規程		事業部新設会議 新規度合により実施　特、A、B、C	品質問題反省点
製品企画	0次DR	商品企画検討会	非効率な開発テーマ中止決定
	0次承認会議*	成立性DR	人員不足で、開発課題未解決のまま、次ステップへ移行
製品設計	1次試作 組付検討会	ESDR	試作時問題を繰返し、忙しくて処置せず
		製造検討会	量産直前の製造不良対策多発、設計変更見逃し
	FMEAチーム活動	PQDR説明済み	新規点抽出洩れ、若手FMEA質が低い、専門家不在
	原価企画	耐久品精査会RVA	特性だけ計測してOK判断した
	1次DR 1次承認会議*	1次DR10日前チェック	設計者、審議者共に心配点に気付かず
生産準備	2次DR	出図相互チェック	図面指示の誤解による、製造ミス
	2次承認会議*	耐久品精査会RVA	実車、実機条件の情報取得不足で
	量産	伝承DR	技術蓄積なし、伝承技術が後輩に伝わらず

＊経営者による、次ステップ移行承認。

画会議、成立性 DR までの実施状況や課題などが書いてあります。

（2）　成立性 DR

　この会議の目的は、開発初期の適切な時期に、実験結果だけでなく、理論的確認によって、重要課題の成立性を確認するフロントローディング活動を行うことです。開発期間の短縮にも寄与します。開発当初、人員も少なく、実験結果のみを信用して開発を進めたところ、理論的には成立しにくいことが後で判明し、人海戦術を使って課題解決したことがあったため、創設されました。

　したがって、成立性 DR では基本構造の選定や成立性に関する基本原理を審議します。課題を漏れなく出し、各課題の論理的検証を実施し、その検証に必要な開発リソーセス（人・物・金）の見直しを行います。製

6.4 しくみの改善事例

反省点	・非効率な開発テーマの中止決定
目的、実施事項	・開発ニーズを吸上げ、商品化の早期方向づけ ・事業部長による (1) 開発ランクの決定・節目会議(商品企画会議など)の実施時期 (2) 商品企画、製品企画に向けてのアクションの指示 ■開催 １回／月 商品企画検討部開催 ■実施事項 商品企画検討リストで議論 ■出席者 技術部長、品保部長、システム開発室長 開催 １回／月 議長；事業部長 技術企画部長
商品企画検討会	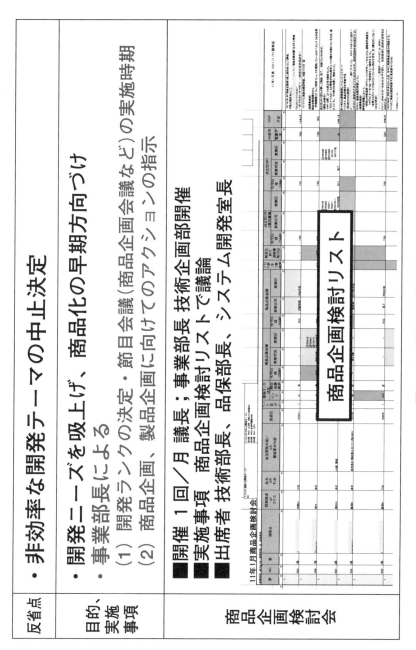

図 6.19 商品企画検討会

第6章 ソフト面(人、業務管理、ルール)の改善

品の技術的課題だけでなく、製造設備を作る生産技術も製品企画段階から参加し、製造課題を早く見つけて解決するため、製造上の課題についても解決ストーリーを生産技術が説明します。通常、生産技術は決定している生産時期に合わせることに手いっぱいのことが多いので、このために、製造課題を早く見つけて解決するための部署が新設されました。

出席者は事業部長、技術部長、製造部長、企画部長、材料技術部専門家、リソーセス担当委員、関係部署などです。図 6.20 に実施時期、管理項目などを示します。事業部として実施すると決めたテーマは、「開発体制、課題が成立しそうかを明確にして、進める」というものです。

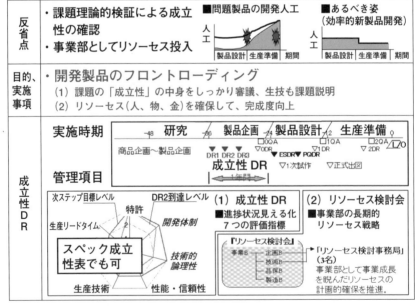

図 6.20 成立性 DR

6.4.2 製品設計段階のしくみ改善

(1) ESDR

ESDR(Ealey Stage Design Review)は、試作図面の検討抜け・漏れを防止し、作り直しをなくすために開催される会議です。従来から実施していた会議ですが、FMEA チーム活動の改善と同様に、やり方を改善しました。それを示すのが、図 6.21 です。目的は、早期に量産仕様を作りこむこと、すなわち、フロントローディング活動です。1 次試作図面を使って検討します。出席者は設計、生産技術、品質保証、製造、材料技術専門家、部内専門委員、関係部署などです。試作工法と量産工法が違ったため問題が起きるということが多かったため、試作の生産技術にも必ず出席してもらいます。Q(品質)、C(コスト)、D(納期)を最適仕様に作りこむために、仕様が満足できるまで ESDR を繰り返し開

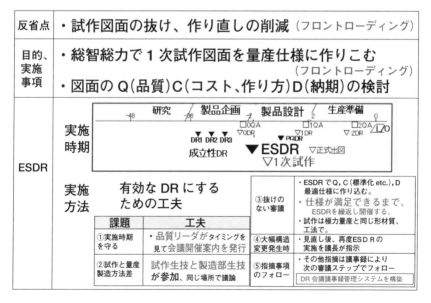

図 6.21　ESDR

催します。指摘事項は筆者の品質リーダーが議事録としてまとめ、指摘事項を確実に処置したかどうかのフォローも筆者が実施しました。フォローのためのしくみも作りました。ESDRにおいて、製造部、生産技術部も開発初期段階で指摘できるので、作りやすい設計を早めに図面に反映することができます。

(2) 試作品製造検討会

図 6.22 に示すように、これは量産出図前に製造問題を解決するために実施します。やり方は、1 次試作品ができた段階で、試作品を持って設計が製造部に出向き「こんな物を量産しますがよいですか」と問いかける会議です。製造部に出向くことで、検査や生産など多くの人の意見がもらえます。

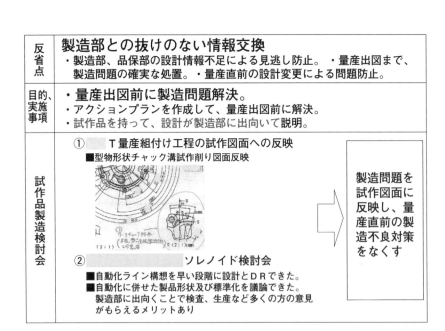

図 6.22　試作品製造検討会

(3) PQDR「FMEA チーム活動」

これは、第 4 章で説明した FMEA のチーム活動です。これも以前から実施していたのですが、少しずつやり方を改善し、成果が挙がるようにしてきました。その改善項目をまとめたのが**図 6.23** です。**図 6.24** は改善した PQDR の指摘事例と効果を示すもので、時間をかけるほど指摘件数が多くなることがわかります。PQDR は毎月平均 2 ～ 3 件実施していました。

(4) 耐久品精査会（RVA）

耐久品精査会（RVA：Reliability Visual Audit）も以前からあった会議ですが、容易に不具合の兆候を見つけられるようにするために、やり方を筆者が中心となって改善しました。**図 6.25** に示すように、RVA 専用の会議室を作り、そこには顕微鏡、虫眼鏡など物を見るための必要設備を完備し、現地現物を見て、不具合の兆候を発見することを目的として明確化しました。RVA は設計が図面を製造部に出す前と量産直前の 2 回実施します。1 回目は、社内で行う単体耐久試験品を精査し、2 回目は、納入先で行われるエンジン耐久品、実車耐久品を回収して精査します。まず、実験課の担当者に、マクロ観察、ミクロ観察の調査結果、性能の測定結果を説明してもらい、皆で顕微鏡、虫眼鏡を使って現物を確認しながら、さらなる精査や設計改良の要否などを議論します。

(5) 1 次 DR 10 日前チェック

これは会議体ではなく、筆者が自主的にやっていた活動で、所属していた技術 2 部のみで実施していました。**図 6.26** は、筆者の品質チェック方針を示したもので、品質問題をゼロにするには、基本は、設計者が「FMEA 辞書」のチェックシートでまじめにチェックしてもらうことです。しかし設計者個人では時間がなくてチェックできないケースが多い

総智総術で抜けのないチェック実施

問題点	改善策
・長時間の集中力困難 ・時間切れで終わる ・必要な時、専門家不在 ・運営技術のまずさ ・"なぜなぜ"のトレーニング不足	「FMEAチーム活動計画書」 ＊目的別に開催日を分けて設定（3〜4Hr） ＊必要な審議者を指名出席要請 「同会者注意事項集」 ＊議論活発化
・新規点・変更点の抜け	図面1枚毎の新規点、変更点に赤丸を付ける
・心配点の抜け	"気づきのキーワード集"で一つひとつ検討

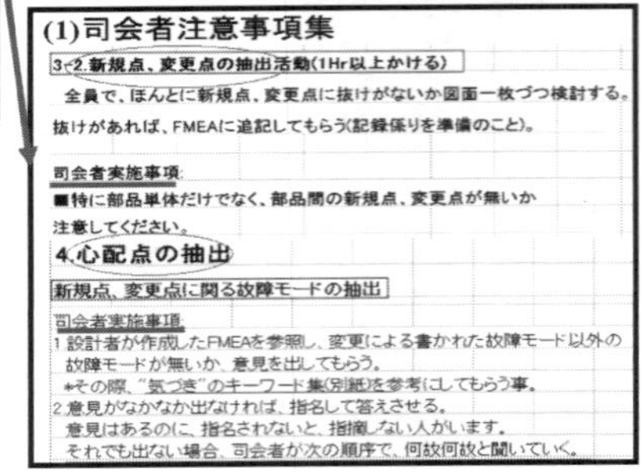

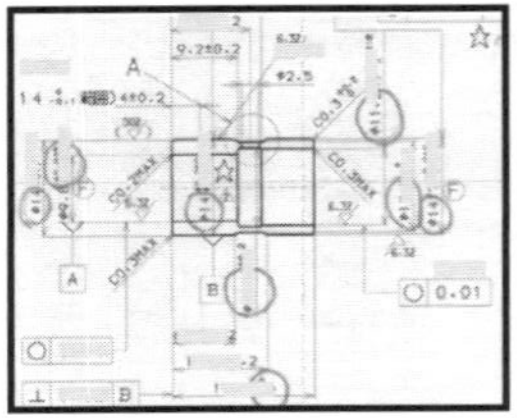

図6.23　PQDRの問題点と改善

6.4 しくみの改善事例

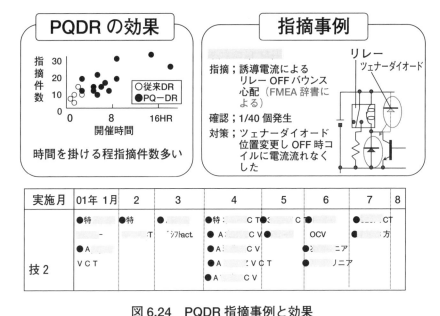

図 6.24　PQDR 指摘事例と効果

反省点	物をよく見る、不具合兆候の発見 ・特性だけ計測して OK 判断した ・単品耐久条件が実車、実機条件と違っていた
目的、実施事項	・現地現物を見る、不具合の兆候を発見する ・実験課、設計、生技、品保が集まって、耐久後分解品を見る
耐久品精査会（RVA）	**実施時期** 1次 DR の前（単品耐久品）、2次 DR の前（実車、エンジン耐久品） *RVA; Reliability Visual Audit **実施方法**（顕微鏡、虫眼鏡などを準備してある精査室で） 1. 耐久分解品を並べる 2. 実験課が特性データなどを使って異常がないか説明 3. 全員で物を見る 　■見えるところを見る　　■見えないところも見る 　■比べて見、並べて見る　■簡単な方法で測ってみる 4. 指摘事項を議事録で発行

図 6.25　耐久品精査会

第6章　ソフト面(人、業務管理、ルール)の改善

反省点	人間、ルール化しても、面倒なこと、怒られないことは避ける
目的、実施事項	品質問題をゼロにするには同じ事を何回も実施
二重三重のチェック	1. 基本； 　設計者が図面チェック 2. FMEA マクロでチェック 3. FMEA チーム活動(PQDR)でチェック 4. 品質リーダーによる 　「1 次 DR10 日前チェック」(詳細は図 6.27) 二重三重のチェック(4 回目)

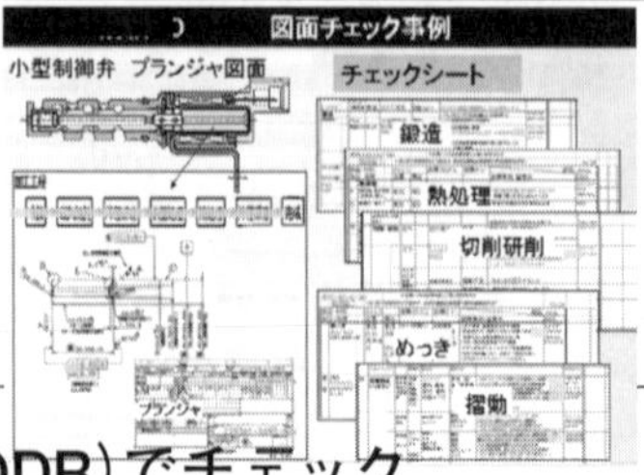

図 6.26　品質問題をゼロにするには

ので、関係者全員が参加して二重、三重のチェックをするしくみにするしかないということです。

　1 次 DR 10 日前チェックのやり方を示すのが、**図 6.27** です。目的は、設計者、DR などの審議者の品質チェック漏れを補うことです。二重三重チェックの 4 回目になります。DR の棚(部品、図面を置く場所として本棚の上などを確保した)に図面、バラ部品、新規点シートなどを設計者に置いてもらい、これらを見て、部の分野別専門委員に自分の専門分野についてチェックしてもらうという活動です。筆者は図 6.27 に示してある、各専門委員がどの図面を担当すればよいかがわかる図面品番リストを作って、分野別専門委員に依頼します。指摘があれば、図 6.27 に示す指摘用紙を使って指摘し、設計者に渡します。設計者は 1 次 DR または、1 次承認会議などで、指摘事項の回答をします。

6.4　しくみの改善事例

反省点	・設計者 FMEA の心配点抽出抜けの防止 ・FMEA チーム活動の心配点抽出抜けの防止
目的、実施事項	・品質リーダー、分野別部内専門委員による再々チェック ・DR の棚に、図面、バラ部品、新規点変化点シートを置き、専門委員、品質リーダーが FMEA 辞書でチェック
1次 DR 10日 前 チェック	実施方法　　実施時期；1 次 DR の 10 日前 専門委員分担表（品質リーダー作成） FMEA 辞書を使って 指摘事例

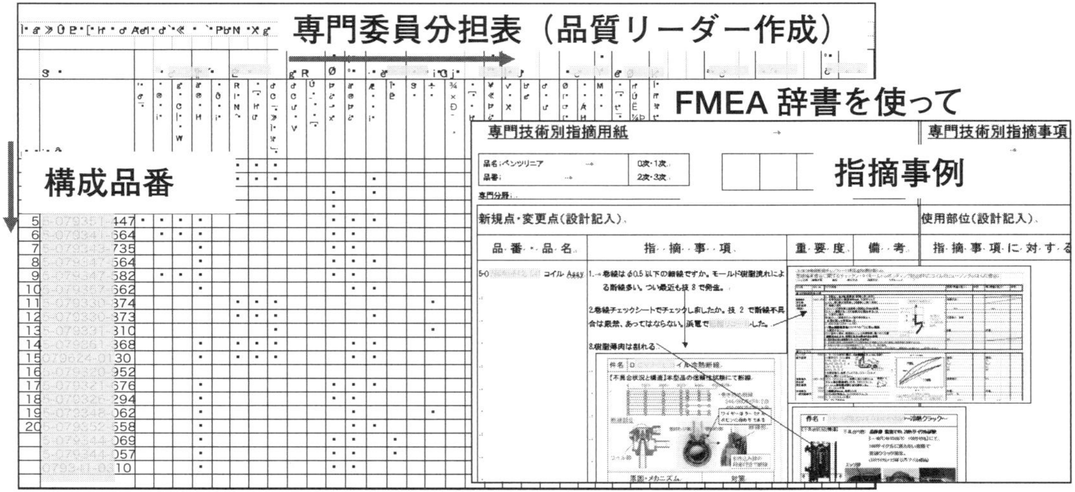

図 6.27　1 次 DR 10 日前チェック

209

第 6 章　ソフト面(人、業務管理、ルール)の改善

　ここで、部の分野別専門委員というのは、全社の設計基準を制定・改訂するときに、部の代表として出て意見を言う委員であり、各部 20 名程度の専門委員が決められていました。こういう専門委員を設けて、会議に出てもらう、チェックをしてもらう活動というのは、専任でやればよい活動ができますが、単体では仕事量が少ないので、兼任という場合が多くなります。

　しかし兼任だと、自分の仕事が最優先であり、忙しくてこのような活動に参加できない場合もあります。そのような場合は筆者がその人のチェックすべき専門分野を代わりにチェックし、抜けをなくします。

6.4.3　生産準備段階のしくみ改善

（1）　量産図面出図相互チェック

　量産図面相互出図チェックの目的は、図 6.28 に示すように、実務者の技術感覚の向上と高い図面品質の確認であり、この図面で設計意図が製造部に的確に伝わるかをチェックすることです。特に、顧客向けに小変更した製品は、海外拠点で生産する機会も増えるため、図面の書き方も変える必要があります。国内において「阿吽の呼吸」によって成立していた常識的事項は、海外生産する製品では、特にこと細かく図面に書かないと設計意図が伝わりません。他の会社では、大体品質関係を主にチェックシートを作ってチェックしているところが多いですが、このチェックは少し目的が違います。この段階での品質チェックは遅すぎるためです。

　まず設計者は、ルールに決められている図面チェックシートで図面の自己チェックをします。他社の出図チェックシートと異なる点は、担当者の自信度をチェックする欄があることです。時間切れで自信のないまま出図されるのを防ぐために、自信ありは A、一部自信なしは B にチェックします。その後、相互チェックのために設計室のベテラン設計者

6.4 しくみの改善事例

反省点	・図面指示(設計意図)の製造部への確実な伝達
目的、実施事項	・実務者の技術感覚の向上と高い図面品質 ・設計室内ベテラン4～5名による図面出来映えチェック
出図相互チェック	実施時期；量産図出図時 (1) 出図チェックシートのポイント ねらい；全図面、設計者の自信度明確化 　1) 1部品1枚チェック 　2) 設計者の自信度記入(不安点等) 　3) 図面出来栄えチェック項目追加 (2) 図面相互チェックのポイント ねらい；技術の集約と正式図面の完成度向上 ◇図面相互チェックの方法 　1) 4-5名のベテラン、品質リーダーで 　2) 図面の出来栄えをチェック 　3) 原寸大で、赤ペンでチェック

図 6.28 出図相互チェック

211

第6章　ソフト面(人、業務管理、ルール)の改善

4～5名と品質リーダーが集まり、原寸大の図面を用意し、赤ペンを使って修正します。特にB項目については、皆でより注意して設計根拠を確認・議論しながらチェックします。

(2)　伝承DR

伝承DRは、新規開発製品のノウハウを後輩に伝えるために、伝承技術を開発者が量産後3カ月で、ノウハウをまとめてDRを実施します。これは、新設したDRの一つです。詳細は図3.10(p.53)で説明しましたので、省略します。

(3)　節目管理

従来は、設計担当者がDRなどの会議開催案内を出し、議事録を保管して、指摘事項の処置を実施していました。しくみをルール化しただけでは、設計者が忙しさにまぎれて開催案内を通知し忘れて、DRなどを実施せずに、承認会議を受け、検討不足でやり直しとなるケースがありました。これらの会議体を愚直に実施するには、第三者が開催案内を発行し、議事録を作成して指摘事項の処置状況を管理する必要があります。これを筆者の品質リーダーが実施していました。設計者にとっては事務仕事ですので。図6.29に新製品日程管理表の事例を示します。縦軸が各室の新製品名称、横軸が開発ステップ順の会議体であり、枠には実施予定月が記載してあります。実施が完了したら、黒塗りにします。灰色は実施不要を示します。斜線は、来月開催案内発行を示します。毎月開催する部の品質会議で翌月発行分を課長、室長に確認し、メールで担当者にも通知したうえで、開催案内を発行します。設計室が5室と開発室が2室ありましたので、毎月180製品ほど新製品管理をしていました。

上記の内容で、品質リーダーが、会議開催案内を発行し、会議で指摘し、やり方を指導し、議事録を作成し、指摘事項の処置状況をフォロー

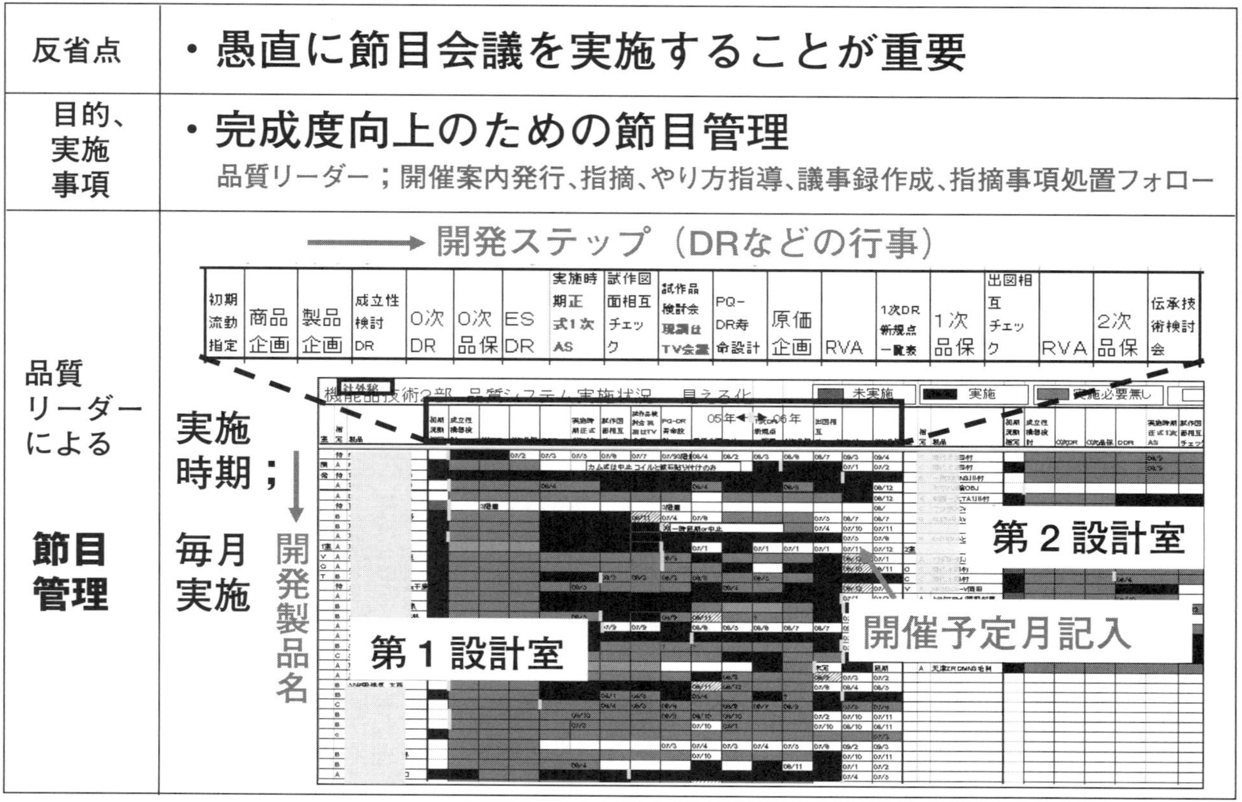
反省点
・愚直に節目会議を実施することが重要
目的、実施事項
・完成度向上のための節目管理
品質リーダー；開催案内発行、指摘、やり方指導、議事録作成、指摘事項処置フォロー
品質リーダーによる
節目管理
開発ステップ（DRなどの行事）
初期流動指定
商品企画
製品企画
成立性検討DR
0次DR
0次品保
ES DR
実施時期正式1次AS
試作図面相互チェック
試作品検討会現調ははTV会議
PQ－DR寿命設計
原価企画
RVA
1次DR新規点一覧表
1次品保
出図相互チェック
RVA
2次品保
伝承技術検討会
実施時期；毎月実施
開発製品名
未実施
実施
実施必要無し
05年
06年
第1設計室
第2設計室
開催予定月記入

図 6.29　節目管理

第6章　ソフト面(人、業務管理、ルール)の改善

していました。

6.5　本章のまとめ ▶▶

　第1章で説明したように、筆者をはじめ、経営トップ、設計者の協力により、第2章からここまで解説してきた一連の活動によって、以下のような成果を得ることができました。

①　2010年に技術部の出図後の設計変更件数「0」件を達成しました。

②　事業部の市場クレーム率は半減しました。

③　事業部のリコールなどの重要品質問題は「0」件を継続中です。

④　「FMEA辞書」などの道具、システムを実際に使用して効果を体感することで、設計者の品質意識が変わってきました。

⑤　「FMEA辞書」を使った勉強会で、新人の早期育成、即戦力向上に役立ちました。

　継続的にこの活動を続けていくためには、道具のメンテナンスが必要です。そのために次のような活動も行っており、事業部の特徴となっています。

①　新製品開発が量産化されると、3カ月間は他業務に着手することを禁じ、振り返りの時間を割き、技術伝承に努めます。

②　この伝承技術を「FMEA辞書」に蓄積しています。

③　節目管理により、「FMEA辞書」を参照した活動を実施しないと、次ステップに進めないようにしています。

第7章 ▶▶

設計品質改善活動の原動力

　本章では、なぜ何百名もの設計部隊による未然防止品質改善活動ができたのか解説します。また筆者の行動力の原動力についても説明します。

第 7 章　設計品質改善活動の原動力

7.1　なぜこの品質改善活動ができたのか ▶▶

　セミナーでよく質問されるのが、「なぜこのような活動ができたのか」ということです。この回答を以下に説明します。

7.1.1　品質改善活動ができた理由

　このような品質改善活動ができたのは、定期的に実施される社長による「事業部品質診断」というしくみが、会社にあったからです。設計だけでなく、製造部、品質保証部も診断を通じて、事業部品質のしくみの継続的改善がトップマネジメントによってチェックされ、普段なかなかできないしくみの点検や、事業部の課題分析を行えるよい機会となっています。

　社長診断は、技術部、製造部、品質保証部の各部長と事業部長が、自部署の課題とその改善結果(PDCA)を回して検討した結果)を社長以下役員全員に説明し、それをふまえて現場を見てもらうというものです。各部は通常業務とは別に、常に継続的改善活動を実施していないと、対処できません。筆者はこの流れに乗って、知恵を出し、工夫して改善を続けてきただけです。

　表7.1 は、筆者が所属していた技術2部の課題分析と改善案を出すために、課長以上の役職者に集まってもらい、反省会を行った議事録の事例です。

　この反省会は、部長が主催し電話などで中座する人が出ないよう社外の会議室を予約し、丸一日かけて部長自ら議事進行を行いました。こういう会議は、都合が悪いといって欠席する人が多いですが、部下に仕事を任せ、必ず出席するようにという、部長の厳命により、全員出席しました。このような反省会も、やり方を工夫しないとよい結果が出てきません。

7.1　なぜこの品質改善活動ができたのか

表7.1　社長診断による事業部課題分析

1. 定期的トップ診断

事業部品質継続的改善

⬆

トップマネジメントによりチェックされる

■課題分析のよい機会

普段なかなかできない

社長診断

反省会事例	社外会議室での検討議事録	
不具合事例・現状業務実態からの問題点	なぜなぜ	どうすればよいか（管理面）
■試作図面に該当げる、問題起しで（修正）に時間を取られる	■若手の技術力不足	・早い段階で部の盛込み確認仕様を盛込み確認（ESDR制度化）・ベテラン設計者含めてのCD図面チェックを制度化する・重要similar作成（品質データの道具化、重要設計要領・過去トラ集の作成）
■技術の蓄積が無い（同じ検討隣も実施、再発。標準化(ではずれ)バラ）	■若手の製品設計要領が無い、施しな	・品質行事事例集で改善項目から、設計リーダーが品特確認・内発行、議事録はNotes登録・必要帳票・一覧の作成
■新規点・変更点見逃し	■DR等行事消化するだけ・若手が品質行事の主旨知らず	・活動議事録・品質に関し説明する・品質帳票・主旨説明
■新規点抽出に設計者のレベル差・FMEAの質が低い	■他の大きな新規点に注目われ小変更のため、説明しないから・新規点はどこ無いと思い込み	・ESDR・PQ-DRで先ず最初に新視点、変更点を出し直すを掛ける
■FMEAの質が低い	■若手のFMEA力不足・若手設計者は作り方を知らないから何も言えない。製	・FMEAの教科書を新しく類別所製品は難易度別修正として使用・PQ-DRで過去製品は少女する・1つ1つの設計根拠を書かせる

2. 改善の方法

① 設計の事がわかる設計経験者が知恵と工夫で

② 改善の意見を集めるには、時間、場所を確保して議論に集中させ、本音を出させる事が必要。アンケートは駄目。

③ 業務を実施する課長以上にルール、実施することを決めさせる

第7章　設計品質改善活動の原動力

　反省会のやり方は、まず自分の部署の不具合事例を取り上げ、この事例をもとに、皆でなぜこんなことが起きたのか明確にします。その後、どうすればよいか検討し、まとめます。その結果、新しく ESDR を制度化する、会議開催案内は品質リーダーが出すなどの新規ルールが決まるなど、仕事のことはよく知っているメンバーですから、有効な意見がたくさん出てきました。前述のキーワード集は、ベテランからの意見として出て、「FMEA 辞書」の故障メカニズムと故障モードの言葉を抜き出すだけでしたので、筆者が3日間で作りました。

　人間が述べる意見には、本音と建前があります。建前の意見を聞いて対策しても、何の効果もありません。改善の意見を集めるには、時間、場所を確保して議論に集中させて、本音を出させることが必要です。アンケートで意見を集める方法もありますが、仕事をしながら回答する人が多く、建前論が多くなります。ルールも、実際に業務を実施する人に決めさせることが重要です。人間、他人が決めたルールには従わないが、自分が決めたルールには従う人が多いです。

　この反省会事例のように、難問に対しては、経営トップ（部長、事業部長）も含めた全員でプロセスをともにし、ことに当たることが必要です。全部門、全階層、協力企業を含めた全員参加があって、初めて品質と安全が達成されます。当然、筆者が所属した事業部だけでなく、全社の事業部が同様な継続的改善活動を実施しておりますので、「FMEA 辞書」と似たような道具を開発し、活用している部もあります。

7.1.2　設計手順としくみの重要ポイント

　これらの活動を実施するうえで大切なことをまとめたのが、**表7.2** です。源流管理と、顧客ニーズ、製品の使われ方、使用環境の十分な把握、情報を蓄積し共有化して活用すること、全員参加でことにあたることです。

表7.2　設計業務の重要ポイント

No.	ポイント	本書の説明箇所
1	源流管理、 フロントローディング	■成立性 DR 新設■ESDR 新設 ■PQDR 新設■節目管理 （第三者による会議開催）
2	顧客ニーズ、使われ方、 環境条件の徹底把握	■新規点変化点の明確化 ■抜けのないストレス把握 ■スペック成立性確認表 ■システム連携
3	技術蓄積、共有化、活用	■FMEA 辞書■伝承 DR 新設
4	経営トップ（部長）がプロ セスを共にし、全員参加	■社長診断による課題分析 ■仕事の振り返り

設計変更件数の削減、クレーム率の低減

　源流管理とは、品質をいかに開発ステップの源流で作り込んでいくかという考え方で、製品開発の初期段階で課題を早く解決し、ほぼ量産図に近い図面に仕上げることを意味します。このために実施しているのが、「成立性 DR」であり、「ESDR」、「PQDR」です。夏休みの宿題は早くやるということです。課題解決が遅れれば遅れるほど、人、物、金がかかります。また、物はストレスがなければ壊れません。顧客ニーズ、製品の使われ方、使用環境条件は把握するのが難しく、不具合原因の上位に位置します。徹底的に調査する必要があります。

　表7.3 は、セミナーでよく品質管理担当者から質問される事項とその回答をまとめたものです。悩みのトップは、過去トラやノウハウを蓄積しているが、共有化し活用していないこと、すなわち、どうやったら過去トラやノウハウを活用できるかでした。答えは、「FMEA 辞書」の

第7章　設計品質改善活動の原動力

表7.3　品質管理担当者のなやみと解決策

No.	なやみ	解決策（説明内容）
1	・過去の経験（知見）を、後で活用できるように蓄積されていない場合が多い・設計者は面倒な作業はしない、レビュー審議者も思いつき指摘	・蓄積ノウハウを共有化し、作りやすく、かつ活用しやすく編集した「FMEA辞書」 ・作業させるためには、人の能力、場面に合わせた使いやすい道具が不可欠。
2	道具（システムや帳票）の使用が長続きしない	使い方や何処に何を書くのかが不明な場合には、必ず注釈を入れること。よい事例を必ず準備。
3	品質チェックを実施しない設計者は必ず居る	道具としくみで、二重三重チェック
4	忙しさにまぎれて、ルール守らず、レビュー会議を実施しない設計者	愚直に実施するには、第三者による会議開催案内が不可欠
5	設計者の育成；設計者もピンキリ、ピン設計者は忙しくても、不明点を時間をかけて調べる。キリは、暇でも面倒なので、不明点を調べない。	設計者の育成底上げ実践ノウハウがすぐ確認できる環境が必要⇒「FMEA辞書」

ように、設計者の能力、仕事の場面に合わせた、使いやすい道具を工夫して作るということです。その他の悩みごとは、設計のためのシステムや帳票を作っても、長続きしないということです。筆者も、設計を熟知していない人が作った設計支援システムが、しばらくすると使われなくなった事例をいくつも見てきました。帳票作成のポイントは「マクロFMEA作成シート」のように、どこに何を書くのかが不明な場合には、必ず注釈を入れることであり、よい記入例や事例が見られるようにすることです。

7.2 筆者の品質改善活動の原動力 ▶▶

7.2.1 活動の原動力

　この活動でよい成果が出たのは、沢山の知恵と工夫を出して達成できたものです。知恵を出し工夫せよ、と言われても困る人が多いですが、知恵は知識がないと出ません。それでは、知識はどうやって増やすのかというと、芋ヅル式情報入手方法で実施していました。まず、その道の文献を一つ探せば、その文献の最後に参考文献が記載されています。それをまた、探せば芋ヅル式に文献が出てきます。それを全部読めば、その道のプロになれます。

　これは、自分が知恵を出すための方法ですが、他人に出してもらう方法もあります。メンバーを丸一日あえて社外の会議室に集めて、自部署の品質問題がなぜ起きたのか、一日かけて考えさせるやり方です。なぜなぜと追及していくと、真の原因が出てきて、今後どうするかというよい案が出てきます。一日かけると、皆真剣に考えてくれます。

　また、筆者の恩師である故村上光清先生が「悔いのない人生を送るには、楽しい仕事を見つけるのではなく、与えられた仕事の中に楽しさを見つけることだ」とおっしゃっておられました。楽しさを見つけるには、熱中して知恵を出すこと、新しいアイデアを出すことだと思います。例えば、開発品でよい案を思いつくと、心がわくわくします。わくわくすると、家に帰っても、寝ても覚めても考えるようになります。そうすると、必ずよい案が出てくるものです。これが度重なると自信になります。人間、自信を持つと強い、苦労も苦労でなくなります。

　筆者が設計品質改善業務でよい知恵出しと工夫ができたのは、これらの長年の設計開発業務で得た人生教訓、仕事のコツのおかげでもあると考えているので、解説しておきます。この類の話は、先輩に教えていた

第7章 設計品質改善活動の原動力

だいたことが多く、先人の言葉と同じ経験をした人のみが、共感できると思います。

7.2.2 仕事のコツ

表7.4に、主にディーゼルエンジン用燃料噴射ポンプの設計、開発を担当していたころに身に着けた、仕事のコツ一覧を示します。

(1) 管理とは少ない人、物、金で最大限の成果を挙げること

少ない人、物、金で成果を挙げるには、知識ではなく知恵を出し、工夫することが重要です。知恵は知識がないと出ません。知恵の出ない人は汗を出せと誰かが言っていました。

会社の勤務評定は難しく、どの会社も苦労していますが、いかに知恵を出して、工夫して成果を挙げたかを、第一に評価すべきだと思います。なぜなら、知恵を出すことが、少ないインプットで成果を最大限にする

表7.4　仕事のコツ

■仕事のコツ

1. 管理とは、智恵を出し工夫して"少ない人、物、金で最大限の成果を挙げること"。
2. その道のプロになる簡便法は、芋ヅル式文献調査法。アイデアは他社特許にヒントあり。
3. 仕事はポイントを明確化してから始めよう。
4. 常に、問題意識と好奇心を持って。
5. 「できない」理由より、50点でもよい、「できる」方法を。
6. 「知らない」と言うのは恥だと思え。
7. 1つ上の立場から見た判断力。
8. 窮すれば通ず。

ことにつながるからです。

(2)　芋ヅル式文献調査法でその道のプロになる

その道の文献を1つ探せば、その文献の最後に参考文献が記載されています。それをまた探せば芋ヅル式に文献が出てきます。それを全部読めばプロになれます。他社特許も広く見るとアイデアのヒントが沢山有ります。社内研究発表で、筆者の開発した、燃料噴射ポンプの噴射系シミュレーション（水撃作用で圧力上昇する流れ解析）の精度は世界一レベルであることを上記方法で証明したことがあります。シミュレーションを使えば、試作、評価回数が減らせます。よって、少ない人、物、金で効果を出すことができます。当時、ディーゼルエンジンの性能は噴射ポンプで決まると言われていました。燃料噴射圧力、噴射のパターン、噴射時期で排気ガス、馬力、燃費が変わってきます。なお現在、筆者が所属していたディーゼル開発部で開発した蓄圧式の燃料噴射システムが採用されており、この機械式噴射ポンプはほとんど使われていません。

図7.1は噴射系の説明で、図7.2が国内、図7.3が海外の文献調査結果です。調査項目は、氏名・メーカー・研究機関名、計算目的、計算法（集中定数化法、特性曲線法、差分法など）、注目点（仮定）、どんな物理定数を使っているか、精度、試験ポンプ仕様、文献No.、実測値測定法とし、一覧でまとめてあります。中央の「計算精度」を筆者開発のシミュレーション精度と比較し、世界一の精度であることを証明しました。

(3)　仕事はポイントを明確化してから始めよう

仕事を始める前に、その仕事の重要ポイントを3項目挙げてください。製品開発、会議、報告書、設計設変の評価項目もすべて、ポイントを外すと後で苦労します。ポイントがわからないと、無駄な仕事が多くなり、リーダーや管理者には不向きです。本筋を忘れ、枝葉をつつくと、進む

第7章　設計品質改善活動の原動力

2. 芋ヅル式文献調査でその道のプロになる

(ii) シミュレーション精度

シミュレーション精度を上げるために種々の検討をおこなってきた。当初皆川氏らが開発したプログラムは気泡(空洞)の取り扱いがなく、負圧が実際にはないマイナス数百気圧になるプログラムであった。これを種々改良を行い、世界一レベルの精度を得ることができたという社内研究発表も行った。図26は改良項目を示すもので×は効果がなく、○が現シミュレーションに採用されている。図27は各改良項目を実施した場合の実測との比較である。

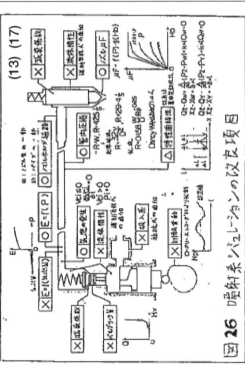

図26 噴射系シミュレーションの改良項目

図27 実測波形との比較(シミュレーションの改良)

図 7.1　噴射系シミュレーションとは

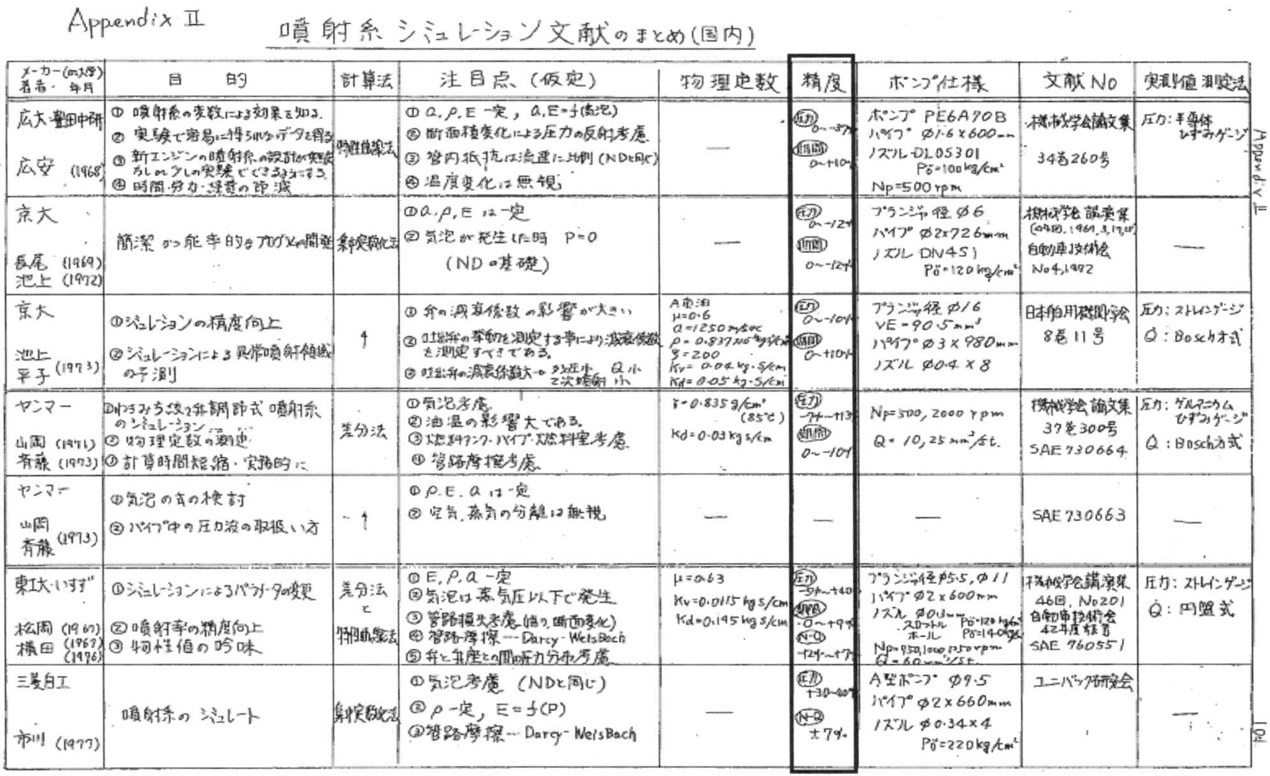

Appendix II　噴射系シミュレーション文献のまとめ(国内)

メーカー(or大学) 著者・年月	目的	計算法	注目点(仮定)	物理定数	精度	ポンプ仕様	文献No	実測値測定法
広大・豊田中研 広安 (1968)	① 噴射系の変数による効果を知る。 ② 実験で容易に得られないデータを得る ③ 新エンジンの噴射系の設計が実験少しの実験でできるようにする。 ④ 時間・労力・経費の節減	特性曲線法	① a, ρ, E 一定, a, E=f(気泡) ② 断面積変化による圧力の反射考慮 ③ 管内抵抗は流速に比例 (NDと同じ) ④ 温度変化は無視	—	圧力 0〜-3?% 噴射期間 0〜+10%	ポンプ PE6A70B パイプ φ1.6×600mm ノズル DL05301 Pö=100 kg/cm² Np=500 rpm	機械学会論文集 34巻260号	圧力：半導体ひずみゲージ
京大 長尾 (1969) 池上 (1972)	簡潔かつ能率的なプログラムの開発	集中定数化法	① a, ρ, E は一定 ② 気泡が発生した時 P=0 (NDの基礎)	—	圧力 0〜-12% 期間 0〜-12%	プランジャ径 φ6 パイプ φ2×726 mm ノズル DN4S1 Pö=120 kg/cm²	機械学会講演集 (no.?, 1969, 3, 17, ?) 自動車技術会 No4, 1972	—
京大 池上 平子 (1973)	① シミュレーションの精度向上 ② シミュレーションによる異常噴射領域の予測	↑	① 弁の減衰係数の影響が大きい ② 吐出弁の挙動を測定する事により減衰係数を測定すべきである。 ③ 吐出弁の減衰係数大→ 残圧小 2次噴射小 Q小	A重油 μ=0.6 a=1250 m/sec ρ=0.837×10⁻⁶ kg·s²/cm⁴ g=200 Kv=0.04 kg·s/cm Kd=0.05 kg·s/cm	圧力 0〜-10% 期間 0〜+10%	プランジャ径 φ16 VE=90.5 mm³ パイプ φ3×980 mm ノズル φ0.4×8	日本舶用機関学会 8巻11号	圧力：ストレインゲージ Q：Bosch方式
ヤンマー 山岡 (1971) 斉藤 (1973)	① ?みち?2弁調節式噴射系のシミュレーション ② 物理定数の測定 ③ 計算時間短縮・実務的に	差分法	① 気泡考慮 ② 油温の影響大である。 ③ 燃料タンク・パイプ・燃料室考慮 ④ 管路摩擦考慮	γ=0.835 g/cm³ (85℃) Kd=0.03 kg s/cm	圧力 -7%〜+13% 期間 0〜-10%	Np=500, 2000 rpm Q=10, 25 mm³/st.	機械学会論文集 37巻300号 SAE 730664	圧力：ゲルマニウムひずみゲージ Q：Bosch方式
ヤンマー 山岡 斉藤 (1973)	① 気泡の有の検討 ② パイプ中の圧力波の取扱い方	↑	① ρ, E, a は一定 ② 空気, 蒸気の分離は無視	—	—	—	SAE 730663	—
東工大・いすゞ 松岡 (1967) 横田 (1967) (1976)	① シミュレーションによるパラメータの変更 ② 噴射率の精度向上 ③ 物性値の吟味	差分法と特性曲線法	① E, ρ, a 一定 ② 気泡は蒸気圧以下で発生 ③ 管路損失考慮 (絞り, 断面変化) ④ 管路摩擦 --- Darcy-WeisBach ⑤ 弁と弁座との間の圧力分布考慮	μ=0.63 Kv=0.0115 kg s/cm Kd=0.195 kg s/cm	圧力 -5%〜+40% 期間 -0〜+9% N-Q -12%〜+7%	プランジャ径 φ5.5, φ11 パイプ φ2×600 mm ノズル φ0.3 mm スロットル Pö=120 kg/cm² ホール Pö=140 kg/cm² Np=950, 1000, 1250 rpm Q=60 mm³/st.	機械学会講演集 46回, No201 自動車技術会 42年度 精? SAE 760551	圧力：ストレインゲージ Q：円盤式
三菱自工 市川 (1977)	噴射系のシミュレート	集中定数化法	① 気泡考慮 (NDと同じ) ② ρ 一定, E=f(P) ③ 管路摩擦 --- Darcy-WeisBach	—	圧力 +30〜40% N-Q ±7%	A型ポンプ φ9.5 パイプ φ2×660 mm ノズル φ0.34×4 Pö=220 kg/cm²	ユニバック研究会	—

図 7.2　国内のシミュレーション文献

第7章　設計品質改善活動の原動力

メーカー(会社名) 著者・年月	目　的	計算法	注目点(仮定)	境界定数	精度	ポンプ型式	文献 NO.	実験的検定法
キャタピラ(米) Grillo, Rena (1977)	噴射系のシミュレート	定常流法	①実質質量のもとの近似計算	—	⑤印…ポンプ	Np=1000 rpm パイプ 長さ0.5×パイプ径…	PIME Vol.14.1	
スチャ Bosch (1982)	実質の流力を含むために…という近似	↑	①アイゲンへの圧縮波形を入れて…②基礎方程式…③圧縮波…④過渡特性…リニア…	E、P、μ定	④摩擦…約…一致9.2	Np=2,800、600、1,700 rpm…	SAE 91/0568	
Bosch West (1983) IMM (1960) Huber, Schaffer	アナログコンピュータによるシミュレーション 計算時間の短縮	アナログ	ND の見積り (ND の近似)	E定、P定、基礎方程式諸定数	⑤印…一致 —約3.4以	Np=200, 600, 1,000 rpm…	MTZ Jahg.24	
	アナログコンピュータによるシミュレーション	アナログ	ND の見積り	E定…P定…	④印…不一致	—	MTZ 29 066632	解析解で 評価
Bosch		試験解析法…	①アナログコンピュータ解析して計算…②圧縮過程	μ=0.7 Rd=0.25 kg/m…	⑤印…①③5. ②④約…	Np=1000 rpm… バイブ 長さ2×530 φ…	MTZ 35(1974)9	
Vogel (1974)	①実験解析を比かくしてシミュレーションまで	↑	③圧縮波形…とにかくシミュレートする	Rt=6.2 m/s kD l/m…	⑤印…①1.5…	Np=200, 600, 1,000 rpm…		
CAV BELKnoger (1980)	①圧縮波…過渡特性…基礎方程式に代入	↑	①各材料…先述 ND 諸パイプ…し式…② 伝…圧縮過程の各諸	E=14400 atm… μ=0.25 g/m… ρ=定	④印…0.5印…	—	PIME No.1 1960-61	
MAN キャンディス (1976) Benjamin Dala (1977) ミシガン Ei-Erfan, Benjamin	コンピュータの各諸量を設定し同時計算される式 噴射系のシミュート	特性曲線法	①各材料の各諸…②ニュートン法…③…④パイプ・ニュー形状…%…④バイブ材料・先述の形状	—	⑤印…約0.5印…	Np=1000 rpm…	機械振興 9665	5～各種量：パラメータ 使用…いろいろなり
		試験解析法採用	①圧縮過程…有限差分法	—		アナログ回路 バイブ…Np=550 rpm	SAE 710569	
		—	②伝…基礎方程式とともに有限差分法採用	—	⑤印…②…③…④印…一致	1×パイプ φ=0.2×4	SAE 730661	5～各種量：マイクロコンピュータ 使用　いろいろなり
Cummins Russell, Boaley (1971)	燃焼系式…ユニットインジェクター…②アナログ…各諸量と同時使用	アナログ デジタル	①ユニットインジェクター…②各諸量…③E、μ=定	—	⑤印…約…一致	—	SAE 910570	
クリンカ(米) Henson, Singh(1979)	燃焼系式とユニットインジェクター…の特性解析	—	①過渡各諸量…%…② E、μ=定	—	5.2印…諸諸	—	SAE 950733	
GM Saydon (1978) Honey (1975)	①構成系式 ユニットインジェクター ②ニューになること各用いた各諸諸量設定	—	①E、μ=S(P)、μ=S(P) ②リニア法…諸…計算方式32…	μ=0.7、Np=0.078	⑤印…②③各各印…各各印	Np=1000 rpm… バイブ長さ…Np=550 rpm	SAE 780161	5～各種量：マイクロコンピュータ 由いるいろなり Bosch 式
John Deere Huber, Fegel (1972)	①各軸前量ニュートン法…と同時…各諸法…②アナログコンピュータ各力と入る式	特性曲線法採用	①E、μ=S(P) ②リニア法…Darcy-Weisbach ③伝…基礎方程式…①	—	⑤印…②③各各…	ポンプ A/Z 各各量 UFIS Np=550 rpm, 1000 rpm… Q=30, 50, 70, 100, 150 m l/h…	SAE 780762	5～各種量：マイクロコンピュータ 各各量…Bosch 式

図7.3　海外のシミュレーション文献

べき方向を誤り、残業は増えるが、成果は挙がらない、ということになります。

(4)　常に、問題意識と好奇心を持って

　仕事のできる人ほど問題意識が鋭いと思います。問題意識を持って仕事をすればするほど仕事は面白くなっていきます。いつでも「もっと何とかできないか」という意識で仕事にあたれば、よい知恵を思いつきます。大学院時代に、同じ研究室の同級生で、好奇心旺盛な人がいました。一緒に旅行に行くと、いつの間にか居なくなり、探すと珍しい物の前で構造や機構を見ていました。彼は後に会社の副社長になっています。

(5)　「できない」理由より、50点でもよいから「できる」方法を

　できるようにするにはどうするか、知恵を出すことが重要です。「できない」は、誰でも言えます。送りたくないですね、「言い訳人生」。事業部長に認められた、言い訳用語に精通した設計室長が居ました。会議で納入先への説明がまずかった人がいると、適切な用語の助言を求めるほどの室長でした。仕事、テーマを与えられると、できない理由を並べて「できない」という人がいます。覆されることのない「できない理由」を考えるのは、難しいことです。自然法則以外の理由はすべて覆すことができるからです。しかし、できない理由を聞くのも重要です。改善ポイントがわかるからです。100点でなくても50点でもいい、できるようになれば、変わります。人間窮地に追い込まれないと、よい知恵、よい結果は生まれません。中には、悪知恵ばかり働く人もいます。もう少し、よい智恵のほうに頭が回らないのかと思います。上杉鷹山の言葉に同じ意味のものがあります。

　「為せば成る　為さねば成らぬ　何事も　成らぬは人の　為さぬなりけり」

第 7 章　設計品質改善活動の原動力

(6)　「知らない」と言うのは恥だと思え

　「知らない」ことを口実にする人がいますが、「知らない」と言うのは、自分の情報収集のアンテナが低いのです。情報は取りに行くものです。

(7)　1つ上の立場で見た判断力

　自分が係長なら課長の立場、課長なら部長の立場というように、1つ上の立場で物事を考え判断するということです。自分の立場だけで考えると、自分や自分の部署さえよければ、という判断に陥ってしまうことが多いためです。判断力のない人は、いい仕事ができません。納期も守れません。上司に相談するときは、「どうしましょう」だけでなく、「私はこう思いますが、…」と言うようにしましょう。

(8)　窮すれば通ず

　あるとき、まだ異常の原因のわかってない段階で、研究発表の申し込みをしました。社内研究発表の2週間前になっても、異常現象がなぜ起こるのかわからず、部長に発表を取り下げるよう言われました。毎日会社だけでなく、家でも考えました。ある日、ふとんの中でメカニズムがわかりました。わくわくして眠れませんでした。好きこそ物の上手なれと言いますが、熱中すると、寝食を忘れて考えるようになります。人間窮地に陥らないとよい案、アイデアは浮かばないようです。

7.2.3　設計の技術的なポイント

　表7.5は設計の技術的なポイントについて説明したものです。

(1)　安全率の考え方

　影響因子がすべてわかっている場合は、$Sf \geq 1.3$ でよいと思います。少しでもよくわからない因子がある場合は、$Sf \geq 2$ 必要であり、もっ

表7.5 技術的なポイント

■技術的なポイント
1. 安全率の考え方
2. 要素試験装置による、負荷の低減
3. 実験データの測定条件の明確化
4. 圧力測定時の注意点
5. 隙間流量測定時の注意点
6. キャビテーションの発生条件
7. 面取り、面租度一つの重要性
8. 流動品と同じは間違い
9. 設計のプロフェショナル

と必要かもしれません。例えば、スプリングの疲労破壊についてはすべての要素がわかっているので $Sf \geqq 1.3$ で十分です。

(2) 要素試験装置による、負荷の低減

製品 Assy を使って、ある部分の耐久性を確認することは、研究費が高くなりますし、人工、時間もかかります。評価したい所だけ切り出した、要素試験装置を作れば、安く、早く評価が可能となります。

(3) 実験データの測定条件の明確化

実験データの測定条件が書いていないデータが多いと思います。例えば、流量を測るのであれば、式の $Q = C \cdot A \sqrt{2g/ \gamma \cdot \Delta P}$ の各項、温度などの測定条件の記述が必ず必要です。試験条件が書いてない試験データは、後で使えない、信用できないデータになります。他人のデータが信用できないときは自分で測ることが重要です。

（4）　圧力測定時の注意点

　直接、測定場所の油圧が測定できない場合、導管を導いて測定する場合がありますが、導管の長さにより、気柱振動共振点による偽データが出ます。これに対して、気柱振動周波数プログラムを作ってデータを明確にすることで対応したことがあります。

（5）　隙間流量測定時の注意点

　ディーゼルノズルのリフトに対する流量係数を測定したとき、一度リフトを最大リフトに上げ、ゴミを流してから、設定リフトに戻す方法で計測し直したことがありました。隙間の流れになるため、時間をおくとゴミが詰まって間違ったデータになります。

（6）　キャビテーションの発生条件

　高圧を発生する製品は、キャビテーションが必ず起きます。筆者の芋ヅル式文献調査法によると、圧力が低下し、気泡が発生し、1msec 以下で再び圧力が加わって潰れると、ほとんど真空に近いので、衝撃力は弱くなります。1msec 以上経って潰れると、空気などが入るので、衝撃力は強く、キャビテーションエロージョンが起きるようです。耐久試験をしなくてもディーゼルポンプの圧力波形を見てわかる、燃料をノズルに導くパイプのエロージョンの簡易判定基準を作り、製品寿命まで保つかどうか判定できるようになりました。

（7）　面取り、面租度一つの重要性

　ディーゼル製品のような高圧発生製品は、面租度、面取り寸法一つが重要な図面指示寸法となるので、注意しなければなりません。面粗度が荒くなったり、面取りが小さくなったりすると、応力集中で壊れてしまうからです。

（8） 流動品と同じは間違い

「すでに何年か市場で流動しており、それと同じ設計、寸法だから問題ない、流動実績があります。だから評価しません」とよく言われます。同じ設計、仕様でも、使用環境は年々変わりますので、使用環境の調査が必要です。

（9） 設計のプロフェショナル

プロの設計者としては、以下の事例のような材料力学による強度計算ができることが理想です。

筆者のディーゼル設計時代、当時は有限要素法の CAE 解析で結果を出すのに 3 カ月くらいかかった時代ですが、燃料噴射ノズル噴孔の一部に異物が詰まり、高圧が発生したため先端のサック部が破損し、エンジンを壊したことがあります。実験で異物が詰まると、破損する再現テストがまだできてなかったので、理論的な裏づけがなく、信用してもらえませんでした。もし、設計強度不足で全数壊れるのであれば、市場回収の恐れがあるため、1 週間で異物詰まりの理論的な証明が必要となりました。そこで、材料力学を駆使して、手計算で応力分布を出し、異物詰まりで高圧になると破損する理論づけをしたことがあります。**図 7.4** に示します。

7.3 本章のまとめ ▶▶

サラリーマン稼業は、なかなか自分の好きな仕事ばかりやっていくわけにはいきません。楽しいサラリーマン人生を送るには、「楽しい仕事を見つけるのではなく、与えられた仕事の中に楽しさを見つけること」が大事であり、楽しさは「問題意識を持って、知識ではなく知恵を出し工夫して、人に認められると、自信がつき楽しくなる」ということだと

第7章 設計品質改善活動の原動力

4.2.4 ノズル
(1) ノズル強度計算
　プロの設計者としては、以下事例のような材料力学による強度計算が出来ることが理想です。
　本例は市場で、ノズル先端部が破損し、エンジン内に落ち、エンジンを破損させたものである。原因は、鉄粉がノズル噴孔を詰まらせ、ノズル内噴射圧が増大して、破損に至ったものである。エンジンを壊してしまうので、エンジンメーカーでも大問題となり、原因について説明したが、再現テストがまだできていなかったので信用してもらえなかった。信用してもらうために、1週間で理論的な証明をするよう当時の重役に言われて計算したものである。
　こういう場合、実物通りの形状で計算するのは難しいので、簡素化するのがよい。図219はそのモデル図である。図220は計算結果で、手計算でも主応力線図は出せる。結論はAppendix Ⅵを参照。

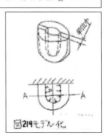

図7.4　ノズルサック部破損応力計算

思っています(表7.6)。

　人は皆、他人に認めてもらいたいという気持ちがあります。人に認めてもらうと、わくわくします。人を蹴落としてもアピールするのは行きすぎですが、多少は世渡り上手の要領を掴み、アピールすることが重要です。部下育成も、わくわくする心が持てる機会を与えて、感激を味合わせ、人に認めて貰えるようにすることが重要です。また、会社では褒めることが少ないと思います。部下の育成でも、人の悪い所には眼をつむって、よい所だけを見ることが重要です。相手を否定ではなく、肯定してあげること、褒めて自信を持たせることが重要です。

表7.6 人生を楽しく過ごすための4つの言葉

1. 楽しい人生を送るには、楽しい仕事を見つけるのではなく、与えられた仕事の中に楽しさを見つけること：名古屋大学 村上光清教授 　楽しさは、智恵を出して、工夫して成果を挙げること。そして他人に認められるとうれしい。自信がつく。人間、自信を持つと強い（筆者意見）。
2. 人は、他者から肯定されることによって自分の最大の可能性を発揮できる：山崎房一 　人は皆、他人に認めてもらいたいという気持ちが有る。人に認めてもらうと、わくわくする。アピールすることが重要（筆者意見）。
3. 青春とは心の若さである：サムエル・ウルマン 　信念と希望にあふれ、勇気に満ちて、日々新たな活動を続けるかぎり、青春は永遠にその人のものである。
4. 自分で自分を褒めて生きる

　本書で述べてきた設計品質改善活動がうまくできたのも、いろいろな手段を使ってアピールしたからです。社内のQC発表だけでなく、社外のSAE、自動車技術会、日本科学技術連盟などで発表し、そのたびに、関係者の方の助言で、日本科学技術連盟の日本品質奨励賞　品質革新賞を受賞したり、「FMEA辞書」を全社展開したりすることができました。このおかげで、社内の他の事業部、他部の方が、仕事を手伝ってくれました。「マクロFMEA作成シート」は全社の品質を管理する品質管理部の方が作ってくれました。

　大した仕事はしていないのですが、普通に仕事をしている人がいます。これは、他人になんと言われようと、自分で「俺は重要な仕事をしているのだ」、「これは誰にも負けない」と自分を褒めて生きているからです。人は多かれ少なかれ、自分を褒めて生きています。なにを隠そう、筆者も甲状腺坑進症が原因でノイローゼ気味になったことがあります。

第 7 章　設計品質改善活動の原動力

　サムエル・ウルマンの言葉に、「青春とは心の若さである。信念と希望にあふれ、勇気に満ちて、日々新たな活動を続けるかぎり、青春は永遠にその人のものである」というものがあります。人間、歳を取っても情熱を持ってできることがあれば、こんな幸せなことはないと思います。

引用・参考文献

1) 本田陽広：『FMEA 辞書』、日本規格協会、2011 年

2) 信頼性技術業書編集委員会監修、益田昭彦・高橋正弘・本田陽広著：『新FMEA 技法』、日科技連出版社、2012 年

3) 鈴木和幸：『未然防止の原理とそのシステム』、日科技連出版社、2004 年

4) 今里健一郎：『品質リスクの見える化による未然防止の進め方』、日科技連出版社、2017 年

5) 田村泰彦：『トラブル未然防止のための知識の構造化』、日本規格協会、2008 年

6) 「プラスチック射出成形において発生する品質不具合」、栄ライト工業所ホームページ、2018 年 2 月閲覧

7) 佐々木忍他著：「ディーゼル機関燃料噴射系におけるキャビテーションの研究」、『日本機械学会論文集（B 編）』、55 巻第 512 号、1989 年

8) 中條武志・久米均：「作業のフールプルーフ化に関する研究」、『品質』、Vol.15、pp.41-50、1985 年

9) 吉村達彦：『トヨタ式未然防止手法 GD^3』、日科技連出版社、2002 年

索　引

【英数字】

1次 DR10 日前チェック　200、205、209

二重三重チェック　86、100、145

5M1E　154

──による分類　28、75、157

──別　75

──別過去トラ集　159

Assy 図　20

DR　iii、v

──とは　13

──の課題と解決策　14

──の現状と課題　7

Early Stage Design Review　199

ESDR　15、173、197、199、200

Excel のマクロ機能　61

FMEA　iii、v、7、131

──作成　6

──作成時の記入注意点表示　73

──作成手順　86

──作成のポイント　90

──チーム活動　6、199

──帳票　9

──とは　7、8

──の課題　15

──の課題と解決策　15

──の現状と課題　7

──の実施時期　8

──の手順　8

──の問題点　87

──雛形　172

FMEA 辞書　3、5、38

──機能　44、164

──のメンテナンス　165

──の構造と歴史　49

FTA　72、99

PDCA　216

Perfect Quality Design Review　131

PQDR　15、131、199、200、205

──計画書　132、133、134

──実施要領　150

──指摘事例と効果　207

──の活動手順　132

──の心構え　150

──のまとめ　146

Process FMEA　151

Reliability Visual Audit　207

RVA　199、200、207

SubAssy 図　20

【あ　行】

安全率　180、229

──の考え方　229

イオンマイグレーション　26

芋ヅル式文献調査法　223、230

ウィスカ　39

ウェルド　30

──割れ　30、75

影響度　10、100、123、158

──の記載　124

──判定基準　101

英語版の FMEA　72

エネルギーや信号の流れ　87

お客様の視点　98

237

索　引

お客様への影響　　10、12、100

【か　行】

海外購入品の製造過去トラ　　36
開発期間の短縮　　200
各部品／部品間の機能　　91
過去トラ　　iii
　　──活用のための4ポイント　　2
　　──事例詳細　　23
　　──チェックシート　　21
　　──の分類方法　　27
過去トラ集　　iv、2、82
　　──の管理　　161
課題解決能力　　189、190
管理面の反省　　25、26
キーワード集　　38、58、164、214
　　──のメンテナンス　　167
技術の保管庫　　128、129
基礎教育集　　174
気づきのための質問集　　150
機能　　8、10、13、153
　　──の障害　　98
機能安全　　188
機能展開　　7、109、110
　　──FMEA　　87
　　──FMEA帳票　　130
　　──表　　91
基盤技術集　　48、51、173
窮すれば通ず　　222、228
業務計画シート　　189
業務ステップと基準一覧　　54
議論活発化　　206
グループソフト　　48
クレーム率の低減　　219
経営トップ　　214、217
形式的なDR　　14

継続して使ってもらえる帳票類　　79
継続的改善　　212
　　──活動　　212
原因・要因　　8、12
検出度　　100、123
　　──判定基準　　102
現地現物　　205、207
原理原則集　　174、175
源流管理　　2、218
構成部品別の分類　　27
工程FMEA　　151
　　──へ過去トラ反映　　154、155
工程設計DR　　6
顧客ニーズ　　176、218
顧客要求事項　　198
故障形態　　186
故障事例・留意点　　47
故障事例機能　　164
故障防止の設計根拠　　10、12
故障メカニズム　　3、16、24、26、
　　164
　　──の抽出　　63
故障モード　　3、8、16、24、26、
　　164、186
　　──に気づく　　16
　　──の記載　　116
　　──の抽出　　63
故障モード影響解析　　7
壊れ方設計　　186

【さ　行】

再発不具合　　iii、41
材料、加工、処理の留意点集　　3、
　　48
材料、加工、処理方法別の分類　　28
作動ブロック　　110

索　引

司会者の運営技術　149
司会者の運営能力　15
司会者の心がけること　150
司会者の注意事項集　15、43、150
しくみの改善事例　199
仕事のコツ　222
仕事の重要ポイント　223
仕事の振り返り　193、195
　　──マニュアル　193
試作回数を減らす　7
試作図面チェック事例　85
試作品製造検討会　204
自信度　210
　　──明確化　211
システム連携　192
指摘事項一覧　146、148
指摘事項の確実な処理　197
社長診断　216
週一フォロー会　197
重致命故障　12
　　──事例　3
重要課題の成立性　200
重要新規点　133
重要心配点　133
重要度　100、123、158
重要品質問題　161、214
　　──件数　17
樹脂成型射出の過去トラ　32
出図後の設計変更件数　214
出図相互チェック　15
寿命設計　186
使用環境　91、95、107、137、178、
　　231
　　──の把握　175、218
　　──変化点洗い出しシート　141
冗長設計　186、188

商品企画会議　6、173、198
商品企画検討会　199、200
新規過去トラ　162
新規基盤技術　162、164
新規点　39
　　──・使用環境の把握　179
　　──・変化点シート　135
新規点・変更点　91、107
　　──抽出シート　43
　　──明確化　132
　　──・変更点・心配点に気づく
　　40
人材育成　2
　　──の改善事例　171
人生楽しく過ごすには　233、234
新製品管理　208
新設設計基準　162、164
心配点　8、10、39
　　──除去設計　125
　　──に気づく　43
　　──の抽出　63
　　──の抜けチェック　132
　　──の要因抜けチェック　132
　　──の要因の抽出　63
心配点キーワード集　61
推奨処置　10
ストレス　3、25、26
　　──、故障メカニズム、故障モード
　　の一連の流れ　46
　　──把握　176
　　──変動要因　181
　　──要因カルテ　181
ストレスキーワード集　61
スペック成立性確認表　194
図面作成時のポイント集　176
図面留意点集　174、175

239

索　引

青春とは　234
製造の過去トラ　27
製造工程　7
　──FMEA　v、82
製造工程別　76
　──過去トラ集　160
　──の分類方法　28
製造版 FMEA 辞書　75
製品企画会議　6、198
製品設計　5
　──のノウハウ　50
　──の留意点　50
製品・部品の新規点シート　138
製品別過去トラ集　161
製品別故障事例機能　54
製品別の故障事例　45
成立性 DR　15、199、200、201
設計　13
　──に役立つ情報　161
　──の当たり前　175
　──のあるべき姿　185
　──の過去トラ　27
　──の常識　174
　──のノウハウ　24
　──の留意点　24
設計業務一覧　171
設計業務のしくみ　5、6
設計業務の重要ポイント　219
設計業務の手順　5、6
設計手順としくみ　6
設計のノウハウ集　iv、173、184
説明資料の作り方　175、183、184
その道のプロ　222、223
ソフトウェアの再発防止チェックシー
　　ト　164
ソフト面の改善　170

【た　行】

耐久品精査会　15、199、200、205
チェックシート作成機能　58
チェックリスト　4、14、50
できない理由　74、227
デザインレビューでの準備物　136
伝承 DR　53、54、200、212
伝承技術　173、214
　──検討会　50
伝承技術集　45
トップマネジメント　216、217
どんな設計をしたか欄の記入　123

【な　行】

なぜなぜ　117、150、216、217、222
二重三重チェック　208
抜けのない心配点抽出　43、72
燃料事情把握　179

【は　行】

ハイパーリンク　20、22
発生度　100、123、159
　──判定基準　101
場面に合わせた使いやすい不具合事例
　　集　160
人の能力　79、160
ヒューマンエラー　2、75、151
品質改善活動　216
　──の原動力　221
品質革新賞　18
品質管理担当者のなやみ　216
品質問題　180
　──の対策処置手順　180、182
　──の反省事例　38
品質問題を 0 にする　18、43、205
部下指導力　189、190

索　引

不具合事例　iii
不具合事例集　2、5、82
　　――によるチェック　90
　　――の管理者　168
不具合の兆候　204
不具合未然防止活動の成果　17
節目管理　212、213
部品間の故障　87
部品間の心配点　86
部品名・変更点　10
　　――記載　112
部品名入りの製品分解展開図　135
振り返りマニュアル　193
プロの設計者とは　183
フロントローディング活動　200、
　　202
分野別チェックシート　45
変更点　8、39
　　――の設計諸元　95
ポカ除け　34、157
褒めて自信を持たせる　233
本音と建前　214

【ま　行】
マクロ FMEA 作成シート　38、61
マクロ観察　205
マネジメント　2、195
　　――技術の改善事例　188

「マル秘」言葉　24
見える化　75
ミクロ観察　205
未経験の不具合事例　3
未然防止　iii、7、41、81
　　――活動の成果　17
メンテナンス　v、17、162、168、
　　210
物を見る心構え　150
問題意識　170、222、227、232

【や　行】
有効性と効率化の指標　17
よい会議資料事例　172
よい説明資料の事例　173、183
要素技術の基礎知識　176
要素試験　13、82
　　――装置　229

【ら　行】
理想的な FMEA　128
量産図面出図相互チェック　210
ルールの周知徹底　171
ロバスト設計　186

【わ　行】
ワイブル確率　186
わくわくする心　234

241

著者紹介

本田　陽広（ほんだ　あきひろ）

1975 年　名古屋大学大学院工学研究科機械工学専攻修士課程修了。

同　年　大手自動車部品メーカーに入社、ディーゼル技術部に配属。
　　　　ディーゼルエンジン用燃料噴射ポンプの設計開発に従事。
　　　　会社独自の高圧ポンプを開発、量産化。

1990 年　ガソリン噴射事業部に移籍。ガソリンエンジン用のポンプ、
　　　　電子スロットルを開発。

2000 年　機能品事業部に移籍。品質リーダーとして設計業務改善に
　　　　取り組む。

2011 年　日本規格協会より、著作『FMEA 辞書』を発刊。

2015 年　大手自動車部品メーカーを退社し、株式会社ワールドテッ
　　　　クにて講師を務める。

〈主な著書〉
『FMEA 辞書—気づき能力の強化による設計不具合未然防止』（日本規格協会、2011 年）、『新 FMEA 技法』（共著、日科技連出版社、2012 年）

未然防止のための過去トラ集の作り方・使い方
品質問題をゼロにする FMEA・DR 実施方法

2019 年 5 月 24 日　第 1 刷発行
2024 年 4 月 22 日　第 4 刷発行

著　者　本　田　陽　広
発行人　戸　羽　節　文

発行所　株式会社 日科技連出版社
〒 151-0051　東京都渋谷区千駄ヶ谷 5-15-5
　　　　　　 DS ビル

検印
省略

電　話　出版　03-5379-1244
　　　　営業　03-5379-1238

Printed in Japan

印刷・製本　河北印刷株式会社

© Akihiro Honda 2019
URL https://www.juse-p.co.jp/

ISBN 978-4-8171-9653-8

本書の全部または一部を無断でコピー，スキャン，デジタル化などの複製をすることは著作権法上での例外を除き禁じられています．本書を代行業者等の第三者に依頼してスキャンやデジタル化することは，たとえ個人や家庭内での利用でも著作権法違反です．